El nacimiento imperfecto
de las cosas

Sin Fronteras

GUIDO TONELLI

El nacimiento imperfecto de las cosas

de las cosas

La gran búsqueda de la partícula de Dios
y la nueva física que cambiará el mundo

Traducción de
Nicolás Pastor

Para obtener este libro en formato digital escriba su nombre y apellido con bolígrafo o rotulador en la primera página. Tome luego una foto de esa página y envíela a <ebooks@linceediciones.com>. A vuelta de correo recibirá el e-book gratis. Si tiene alguna duda escríbanos a la misma dirección.

© Rizzoli Libri, S. p. A., Milán, 2016
© Traducción: Nicolás Pastor
© Los libros del lince, S. L.
Gran Via de les Corts Catalanes, 657, entresuelo
08010 Barcelona
www.loslibrosdellince.com

Título original: *La nascita imperfetta delle cose*
ISBN: 978-84-15070-77-1
Depósito legal: B-24673-2016
Primera edición: enero de 2017

Impresión: Novoprint
Diseño de colección: Lucrecia Demaestri
Diseño gráfico de cubierta: © Malpaso Ediciones, S. L. U.

A Luciana

Vivir es una tarea muy
seria y muy peligrosa.

JOÃO GUIMARÃES ROSA

El hombre tiene que
soñar para salvarse.

WALTER BONATTI

ÍNDICE

PRÓLOGO
UNA CARRERA Y LA ANSIEDAD POR CULPA
DE UNAS MEDIDAS

Estocolmo, 9 de diciembre de 2013, 17.30

Tengo que correr; van a cerrar Hans Allde, en calle Birger Jarl, 58. Está a un par de kilómetros del Grand Hotel, así que puedo ir a pie. Hace semanas que mandé todas mis medidas por correo electrónico, con lo cual no debería haber sorpresas, pero estoy un poco nervioso. Ya es de noche. Hace un momento todavía brillaba el sol aquí, en Estocolmo. Ha sido un día hermoso y radiante. Gracias al aire limpio y a la temperatura de diez grados bajo cero todo brillaba. Lo único que me ha decepcionado es el Báltico: no está congelado, como esperaba. Nunca he visto el mar helado y confiaba que esta vez lo conseguiría; llevaba tiempo soñando con este momento.

El verano pasado nos encontramos en este lugar con Peter Higgs y François Englert. Vinimos a Estocolmo para asistir al congreso de la Sociedad Europea de Física y durante la cena nos sentamos a la misma mesa. Peter estaba entre Fabiola Gianotti y yo, François enfrente y nos rodeaban muchos otros amigos, así como colegas y jóvenes que pasaban a saludarnos y sacar fotografías. En aquel momento me atreví a predecir que volveríamos a coincidir aquí, a finales de año. Peter y François sonrieron en silencio.

Soy físico de partículas y me dedico a medir las propiedades más complejas de la materia en sus formas más insólitas, pero dar mis medidas a la sastrería que me confeccionaría el traje para la ceremonia me supuso todo un reto. La altura y la circunferencia del cuello son fáciles de definir, pero ¿qué significa la longitud del pantalón o del talle? ¿Dónde empieza a cogerse la medida de las perneras? ¿A qué altura se mide el talle? Para no cometer errores le pedí ayuda a Luciana, mi mujer, que me tranquilizó y me lo explicó, pero me quedé un poco inquieto. ¿Y si me hubiera equivocado en todo? Recibieron las medidas en noviembre, así que ya deberían haber hecho un frac que me fuera como un guante. La tienda cierra dentro de una hora y la ceremonia es mañana. Si sale algo mal ya no habrá tiempo para solucionarlo.

Sería el colmo que no me dejaran entrar en la Sala de Conciertos por no llevar el formal atuendo que prevé el protocolo; no quiero ni pensarlo. Todo el mundo me conoce, saben que he venido; la reducida lista de invitados ha sido confeccionada personalmente por los premiados. ¿Cómo podría explicar que no he participado en la ceremonia de los Nobel porque no he sabido utilizar un metro de costura?

Mientras aprieto el paso en dirección a la sastrería mi mente recorre los sucesos de los últimos dos años. Tengo la impresión de vivir un sueño que avanza en rapidísimas secuencias; todavía me cuesta creerlo.

I

LA APUESTA

Ferney-Voltaire, 28 de noviembre de 2011

Me desperté sobresaltado a las seis y media de la mañana. Hoy es un día especial. El momento decisivo será a las nueve, cuando Fabiola y yo nos encontremos en el despacho del director del CERN [Organización Europea para la Investigación Nuclear]. Somos los cazadores del bosón de Higgs, una de las partículas más escurridizas en la historia de la física. Los periodistas la llaman la «partícula de Dios», otros la han bautizado el «Santo Grial» de la física, porque ha conseguido escapar a todas las investigaciones que los científicos han emprendido para encontrarla. Pero nosotros, estoy seguro de ello, la hemos atrapado.

Ahora me hace falta un café, y de los fuertes. La vieja cafetera que me he traído de Italia empieza a emitir la secuencia de silbidos y borboteos que me resulta familiar. Como de costumbre, lo primero que hago al despertarme es verificar en el ordenador el estado del *niño*. Es el mote que le hemos puesto al CMS, es decir, el Compact Muon Solenoid, una bestia de 14.000 toneladas de acero y componentes electrónicos de la que soy responsable y que recoge datos tranquilamente a cien metros bajo tierra, a diez kilómetros de aquí.

Yo soy el spokesperson del CMS, el portavoz del experimento, el encargado de coordinar el esfuerzo colectivo alrededor del cual se articula la investigación en las grandes colaboraciones internacionales; miles de científicos trabajan en estudios y calibraciones en todo el mundo y en todos los husos horarios, bajo el miedo constante de que un estúpido incidente mande al traste años de trabajo.

Fabiola dirige el otro experimento, ATLAS, y la competición entre nosotros es feroz. Llevamos meses durmiendo poco por las noches. La causa son pequeñas señales, indicios, anomalías en los gráficos que unos días aparecen en nuestros ordenadores, resistiéndose a las comprobaciones durante una semana —o incluso dos— para luego, justo cuando empezamos a creer, acabar perdiéndose inexorablemente en las fluctuaciones del ruido de fondo. Es un trabajo frustrante donde los controles y las comprobaciones son constantes, la tensión continua y las emociones no tienen fin.

Cuando hace cinco años empecé a dirigir el experimento, Luciana y yo dejamos Pisa y nos mudamos a Ferney-Voltaire, el pequeño pueblo francés que creció en torno a las propiedades del gran filósofo. Desde la terraza de nuestro dormitorio pueden verse las ventanas del estudio de Voltaire, en el castillo de la colina; en esa habitación escribió *Cándido*. Allí recibía a huéspedes como Adam Smith o Giacomo Casanova. Un paseo arbolado comunicaba el lago Lemano con el castillo. Cada vez que la censura en Francia se recrudecía Voltaire lo recorría montado en su carroza; permanecía en Ginebra unos meses y volvía cuando las aguas se habían calmado.

Ferney-Voltaire se encuentra estratégicamente ubicado en el centro de un triángulo en cuyos vértices se desarrolla la mayor parte de mi vida aquí. En uno de ellos, la sede central del CERN, están mi despacho y el cuartel general del CMS. En el otro, el Punto 5, o P5, en Cessy, un minúsculo pueblecito en las faldas del Jura, se halla el detector de partículas. Y el último es Ginebra, la pequeña ciudad internacional con 200.000 habitantes de unas 180 nacionalidades y una enriquecedora vida cultural.

Justo aquí debajo está el LHC, el Large Hadron Collider, o Gran Colisionador de Hadrones, el acelerador de partículas más potente del mundo. Recorre 27 kilómetros de la frontera entre Francia y Suiza, en los alrededores de Ginebra. Traza en el subsuelo un círculo gigantesco que pasa por debajo de las faldas del Jura para luego rozar la orilla del lago. Aquí, bajo nuestros pies, cientos de millones de protones son acelerados a velocidades indistinguibles de la velocidad de la luz, para luego chocar con otros protones que corren en dirección contraria. Los protones son partículas minúsculas que componen el núcleo de los átomos, y la energía que se origina de sus colisiones es insignificante si la trasladamos a nuestra vida cotidiana, pero allí donde tales colisiones ocurren concentradas en el espacio infinitesimal, recrean condiciones extremas que no se han vuelto a dar desde el Big Bang.

Ahora tengo que irme. Salgo con prisa, como de costumbre. El aire es fresco y claro; el Monte Blanco se recorta contra el cielo, con la cima rodeada por un penacho de nubes. Me encuentro sumido en un extraño estado entre el cansancio y la excitación.

Al pasar por el centro en coche veo la estatua de Voltaire. El viejo filósofo, el «patriarca», como aún lo llaman en Ferney, tiene la expresión de un escéptico testigo de los acontecimientos históricos. Por mi parte, no soy capaz de contener mi entusiasmo; incluso me parece que me mira y sonríe. Mientras los campos que separan Ferney y el CERN corren a toda prisa, un único pensamiento ocupa mi mente: ¡lo tenemos!

No puedo evitar pensar en Fabiola. Desde un principio nuestros experimentos, ATLAS y CMS, se concibieron como independientes entre sí; por este motivo fueron aprobados simultáneamente, con el fin de que cada uno diera lo mejor de sí para obtener primero los resultados. Además, utilizan tecnologías diferentes para garantizar la completa independencia de las mediciones: si uno de los dos descubre una nueva partícula, el otro tiene que poder confirmar el resultado. Son colaboraciones internacionales que reúnen a más de tres mil científicos. Pero desde el primer momento «los de ATLAS» eran más y mejores que nosotros, incluso más ricos. ATLAS siempre ha sido el primero de la clase. Durante la construcción ellos siempre cumplieron con los tiempos previstos; nosotros siempre íbamos con retraso. Llevaban meses preparados para recoger datos cuando nosotros todavía estábamos instalando los primeros detectores. La sala de control de ATLAS es preciosa: espaciosa, equipada con la tecnología de visualización más moderna; la nuestra es sobria, casi monacal, siempre atestada de gente y normalmente en desorden. Para llegar a CMS hay que conducir durante diez kilómetros a través de la campiña; en cambio, ATLAS está ubicado enfrente de la entrada principal del CERN y en la carretera que va al aeropuerto; al pasar se ve el gigantesco mural que decora una de las paredes del edificio. Es habitual que ministros, presidentes y jefes de Estado decidan visitar ATLAS; a nosotros no suelen venir a vernos.

Al principio reaccionamos intentando ser más rápidos en los análisis de los datos y en la obtención de resultados; contamos con un detector más sencillo y de mayores prestaciones. Durante el primer año de actividad los arrollamos. Publicamos decenas de artículos, a mansalva, mientras ellos renqueaban y todo el mundo se preguntaba qué le pasaba al primero de la clase. Luego pasaron al contraataque y ahora nos encontramos codo a codo en la etapa final de la carrera por hallar el Higgs.

Fabiola es una líder natural y una excelente física; también es italiana y somos buenos amigos desde hace años. De vez en cuando organizamos cenas con amigos en común y las veladas son de lo más agradable. Podemos hablar de cualquier cosa, excepto de una: eso. En algunos aspectos somos polos opuestos. Ella nació en la capital y viene de una familia burguesa: padre geólogo, madre literata; ha estudiado en las mejores escuelas de Milán. Yo nací en un pueblecito perdido en los Alpes Apuanos, Equi Terme, de 287 habitantes, una pedanía de Casola in Lunigiana. El hijo del ferroviario y la campesina fue el primero de toda una familia de obreros y artesanos que obtuvo un diploma; luego llegó la licenciatura. Ella es experta en software y análisis, yo en detectores. Ella es una persona seria y moderada, pero en sus ojos puede atisbarse cierto nerviosismo. Yo disimulo mejor la tensión; parezco tranquilo y trato de sonreír incluso en las situaciones más difíciles. Ella es meticulosa y sistemática; se preocupa constantemente por los detalles, los mismos que yo suelo descuidar porque me centro más en el conjunto. Somos muy diferentes, pero nos entendemos al vuelo. A veces basta con una mirada para que sintamos una profunda confianza recíproca. Compartimos una pasión ardiente por el conocimiento y somos honestos en la competición. No hace falta decir que ambos haremos lo posible por llegar primeros; hay demasiado en juego. Ambos queremos ganar la carrera, pero será una competición limpia; ganará el que corra mejor.

Cuando aprieto el botón del ascensor del edificio 500 me siento un poco alterado. El despacho del director general está en el quinto piso. Son las 8.58 de la mañana. Fabiola ya ha llegado. La cuenta atrás ha terminado, es hora de descubrir nuestras cartas. Por nuestra parte hemos recogido algunos indicios, pero todavía no tenemos la prueba definitiva. ¿Hasta dónde habrán llegado ellos? ¿Quién de los dos realizará el descubrimiento del siglo? ¿Y quién tendrá que contentarse con el segundo puesto, y condenará así su experimento al olvido? ¿Tenemos realmente entre manos el bosón de Higgs? ¿Y por qué esta maldita partícula de Dios es tan importante?

QUARKS, GLUONES, BIG BANG Y CUCHARILLAS

Formamos una extraña patrulla de exploradores modernos. Nuestro objetivo es entender dónde nace este maravilloso universo material que nos rodea y del cual formamos parte. Somos lo que la gente llama «científicos», tropas especiales del conocimiento que la humanidad sitúa en la vanguardia para entender cómo funciona la naturaleza. Mentes flexibles, curiosas, sin prejuicios y dispuestas a acoger cualquier sorpresa, conscientes de que para poder ajustar el mundo a nuestras categorías mentales es necesario librarse de cualquier residuo de sentido común y adentrarse en territorio desconocido. En los límites del conocimiento estás solo, en un mundo donde solo resuenan la intuición de los poetas y la voz de los locos; son los únicos seres humanos que, como nosotros, no temen aventurarse por lugares ignotos; por esta razón los siento cercanos. De algún modo me hacen compañía, porque son valientes, aman el riesgo, no les da miedo acercar el pensamiento a aquellas fronteras que es necesario explorar para comprender de verdad algo de nosotros y del mundo que nos rodea. Como ellos, somos funámbulos caminando sobre la cuerda sin arnés de seguridad.

Es algo que les explico a mis alumnos desde el primer día de clase. Trato de derribar las pocas certezas que tienen. Todo lo que explica la física moderna y que podemos comprender gracias a ella no es más que una minúscula parte de la realidad. La materia, toda la materia, los cruasanes de crema y el mar, los árboles y las estrellas, todas las galaxias y el gas interestelar, los agujeros negros y el fondo fósil de radiación cósmica, en suma, todo aquello que hemos podido conjeturar u observar directamente gracias a los telescopios más potentes y a los instrumentos científicos más modernos no es más que el 5% del total del universo. El 95% restante nos es totalmente desconocido.

A eso se reduce toda la ciencia moderna: siglos de estudios e investigaciones, revoluciones conceptuales como la mecánica cuántica y la relatividad general, una difusa sensación de omnipotencia que nace del control de tecnologías cada vez más sofisticadas... pero, en última instancia, no nos quedan sino unas pocas gotas de saber diluidas en un océano de ignorancia.

La belleza de nuestra profesión consiste en eso. Lo gracioso es que aun así todo el mundo cree que sabemos. Y yo me río para mis adentros, e intento explicar que lo único que nos distingue es una leve conciencia: únicamente tenemos una idea más clara de lo inmensa que es nuestra ignorancia. Somos más cautos a la hora de afirmar. Somos conscientes de que podemos equivocarnos y le damos importancia incluso al más mínimo detalle que no concuerde con el cuadro general.

Me divierte ver el estupor en los ojos de quien me escucha cuando intento explicar que para un científico lo que comúnmente llamamos «la realidad» es un concepto espurio, difícil de definir con precisión. Incluso la realidad cotidiana, en la que nos movemos con seguridad, es infinitamente más compleja de lo que parece a primera vista. La cucharilla con la que mezclamos el azúcar en la taza de café es un objeto que nos resulta de lo más familiar; y cualquiera podría tomarme por loco si dijera que yo, que soy físico, todavía no he logrado entender qué es esa cosa a la que llamamos «cucharilla»; porque si intento describirla con precisión es inevitable que me tope con serias dificultades. Una cucharilla está formada por un extraordinario número de átomos que intercambian entre sí enlaces electromagnéticos y se organizan en una estructura macroscópica que pasa por multitud de estados microscópicos individuales; un hervidero de quarks y gluones —las mismas partículas que generamos en nuestros aceleradores— inmersos en un flujo continuo y caótico de electrones; por no mencionar las vibraciones atómicas, rotaciones variables, moléculas evaporándose e impurezas depositándose, luz absorbiéndose y reflejándose en varias longitudes de onda, o las interacciones electromagnéticas y gravitacionales con el resto del universo; no es fácil conciliar esta descripción con el sentido común, que repite frases como «una cucharilla es una cucharilla», «no es más que un trozo de metal moldeado que permite llevarse a la boca pequeñas cantidades de líquido», y muchas otras. No es fácil convencerse de que, por muy rápido que seas, nunca estarás sujetando la misma cucharilla; ni jamás podrás estar seguro de que, si apartaras la vista un segundo, la cucharilla que verías luego apoyada en el platillo sea exactamente la misma que acabas de sumergir en el café.

Por no hablar del cielo estrellado. El mismo que todos hemos visto, aunque solo sea para ver una estrella fugaz durante la noche de San Lorenzo. El cielo de los enamorados y los niños, que levantan la vista hacia el enjambre de estrellas de la Vía Láctea y, generación tras generación, le plantean a su padre o a su abuelo la misma pregunta que me he hizo Elena, mi sobrina, cuando tenía cuatro años: «¿Qué son todas esas lucecitas del cielo?».

Es una bonita pregunta, «la realidad» de un cielo estrellado. Lo que vemos no es en absoluto sencillo; se trata de una superposición de señales lumínicas procedentes de estrellas a distancias muy diferentes las unas de las otras pero que alcanzan nuestros ojos en el mismo instante. La física cuántica nos ha demostrado que la luz se compone de minúsculos granos indivisibles de energía a los que llamamos «fotones»; su velocidad, esto es, la velocidad de la luz, es enorme, pero no infinita. Cuando miramos las estrellas, tan distantes, los fotones que impactan sobre nuestras retinas y activan sus células fotosensibles llevan años viajando; algunos, los procedentes de las estrellas más lejanas, durante miles de años. La imagen que reconstruye nuestro cerebro es la del astro en el instante preciso en que ha emitido esa luz, quizá hace miles de años. Nadie puede asegurarnos que entretanto esa estrella no se haya trasladado a millones de kilómetros, o incluso que se haya extinguido, iluminando el cielo con una espectacular supernova. Cada noche, sobre nuestras cabezas, tiene lugar una representación sincrónica de fenómenos que distan entre sí miles de años.

He aquí cómo de repente comprendemos que aquello que observamos no existe, o por lo menos no de la forma que pensamos. Sabemos que el cielo estrellado que nuestro cerebro reconstruye es una imagen cuasiarbitraria de una «realidad» que depende del lugar, el momento y el instrumento con que se observa.

Los fotones provenientes de estrellas distantes, como Sadr de la constelación del Cisne, emprendieron su viaje cuando el Imperio romano empezaba a tambalearse bajo los golpes de las invasiones bárbaras; los de V762, una supergigante de la constelación de Casiopea, fueron emitidos durante el periodo álgido de la última glaciación, cuando cubría Europa una capa de hielo de centenares de metros; y más todavía, la tenue luz de la nebulosa de Andrómeda, una de las poquísimas galaxias que pueden distinguirse a simple vista, comenzó su viaje cuando en la garganta de Olduvai, en África, una nueva raza de extraños simios empezaba a colonizar zonas cada vez más extensas de la sabana.

Por no hablar de todo lo que no puede apreciarse a simple vista, como la radiación cósmica de fondo —residuo del Big Bang— que impregna el universo, o la materia oscura que todo lo permea y que junta con su abrazo los grandes cúmulos de galaxias. Los ojos electrónicos con que escrutamos el cielo, los grandes telescopios terrestres o los instalados sobre satélites, nos proporcionan imágenes del cielo muy diferentes, obtenidas en distintas longitudes de onda, mucho más ricas y detalladas que las pobres imágenes que nuestro ojo es capaz de reconstruir con su limitada sensibilidad. De hecho, el espectro del iris, el mismo que puede verse descompuesto en el arcoíris, cubre únicamente una pequeña parte del abanico de frecuencias que pueden tener las ondas electromagnéticas, subdividiéndose (al aumentar la frecuencia y por tanto disminuir la longitud de onda) en ondas de radio, microondas, infrarrojos, luz visible, ultravioletas, rayos X y gamma.

La bóveda celeste es en realidad una gigantesca máquina del tiempo, pero nadie parece asombrarse. Nadie se sorprende frente al espectáculo que se repite noche tras noche; en cambio, se quedarían pasmados si, paseando por un pequeño valle dolomítico, vieran a su izquierda un grupo de vacas pastando, en el centro a Odoacro liderando a los hérulos que lo llevarán hasta Rávena a acabar con el Imperio romano de Occidente, y a la derecha, sobre un enorme glaciar, a un grupo de nuestros ancestros cubiertos con pieles cazando a uno de los últimos ejemplares de mamut.

Así pues, la realidad puede no ser lo que aparenta, es mucho más compleja de lo que creemos, y la ciencia se esfuerza en responder a la más simple de las preguntas, aquella que la humanidad lleva planteándose desde sus orígenes: ¿de dónde viene todo esto?

La primera dificultad radica en que el universo que hoy habitamos es muy diferente al que dio origen a todo. Tenemos la suerte de hallarnos en un rincón cálido y acogedor de un cosmos que en general es extremadamente frío. Su temperatura media es de unos −270 °C, un poco por encima del cero absoluto, el nivel más bajo concebible. En cambio, en sus inicios, el universo era el objeto más incandescente que pueda imaginarse, tan caliente y turbulento que definir su temperatura supone todo un reto.

También sabemos que el universo es muy antiguo. Los estudios más recientes indican una edad de 13.800 millones de años; así pues, ¿cómo podemos pretender conocer su origen simplemente observando la materia fría y antiquísima que nos rodea? Las condiciones del universo primordial son demasiado diferentes, así como el comportamiento de la materia en las condiciones extremas de temperatura que había en los inicios, para que podamos comprender hoy en día lo que sucedió entonces.

Por otro lado no tenemos elección. Si queremos entender el origen de la materia y comprender a fondo sus características tenemos que intentar recrear aquellos primeros instantes. El riesgo conceptual es enorme, pero está en juego la comprensión del mundo.

Todo empezó con una minúscula fluctuación del vacío. Una banal e imperceptible fluctuación cuántica de las muchas que inevitablemente ocurren en el mundo microscópico. Pero resulta que esta fluctuación en particular posee cierta característica que desencadena algo muy especial: en lugar de volver a cerrarse inmediatamente, como tantas otras, se expande a una velocidad vertiginosa, y de ahí nace un universo material de dimensiones gigantescas que rápidamente comienza a evolucionar. Si pudiéramos comprender aquellos primeros instantes de vida del joven universo, tan diferente del viejo y frío universo actual, quizá podamos entender cuál será su final.

Para esto se construyó el LHC, el lugar más parecido al primer instante de vida del universo que el hombre haya podido construir. Su objetivo es buscar respuestas a las preguntas que siguen abiertas acerca de todo lo que nos rodea, y de lo que sabemos muy poco.

Y SE HIZO LA LUZ

El cuadro que se desprende de las últimas investigaciones es absolutamente asombroso. En sus primerísimos instantes de vida el universo atravesó una fase a la que llamamos «inflación cósmica», un inexplicable fenómeno que ha transformado una minúscula anomalía en algo gigantesco en un tiempo ridículamente pequeño, 10^{-35} segundos; es decir 0,00000...001 segundos, con 35 ceros.

El término nos resulta familiar porque es el mismo que utilizamos en economía para describir el aumento de los precios, y alude a algo que se infla, pero aquí se utiliza para describir un fenómeno de crecimiento exponencial a una velocidad vertiginosa. Todo ocurrió durante los primerísimos instantes que siguieron al Big Bang, cuando lo que más tarde sería nuestro universo todavía tenía dimensiones insignificantes. Es algo extraordinario.

De repente, una partícula muy especial, a la que llamamos «inflatón», se coloca en el centro de la escena; a partir de ese momento tiene lugar una progresión formidable. El extraño material produce en esa microscópica singularidad una presión de energía negativa; es decir, lo empuja todo de forma impetuosa hacia el exterior. La expansión afecta a todo lo que encuentra, incluso al espacio: es la estructura del vacío lo que se está expandiendo. Deslizándose lentamente hacia un pozo de potencial —como una pelota rodando por una depresión en busca de un punto de equilibrio— el universo libera la energía sobrante en cada punto en forma de expansión. Se trata de una energía muy elevada que durante la expansión se mantiene esencialmente invariada; así pues, el impulso hacia una siguiente expansión permanece y el crecimiento de las dimensiones se hace exponencial. En pocos instantes la «nada» se convierte en el «todo». Luego, súbitamente, de un modo que todavía no se ha esclarecido, el sistema sale del pequeño pozo local en que se encuentra y se precipita velozmente hacia otro mínimo de energía, más estable, donde todavía se encuentra hoy; y el crecimiento paroxístico se apacigua. En un brevísimo instante, el tiempo necesario para encontrar el mínimo adecuado donde instalarse, ese insignificante objeto microscópico inicial se ha convertido en algo gigantesco. Durante la velocísima expansión se enfría; al calmarse vuelve a calentarse y durante esta fase se puebla de partículas, en muchos aspectos similares a las que conocemos hoy en día. Los turbulentos instantes del nacimiento dan lugar a una evolución más lenta, una expansión gradual que durará millones de años.

El hecho de que en sus orígenes el universo atravesara una fase de inflación cósmica sigue siendo objeto de vivas discusiones. La teoría que lo defiende fue propuesta a principios de los ochenta y todavía no se han encontrado datos concluyentes, una prueba irrefutable que despeje cualquier sombra de duda y demuestre su validez. Con todo, no son pocos los hechos que respaldan esta hipótesis. El crecimiento explosivo resuelve todas las contradicciones en que incurrían las viejas teorías. Explica por qué el universo es tan homogéneo en cualquier dirección y por qué vivimos en un mundo donde no hay monopolios magnéticos, esto es, polos norte y sur aislados de sus respectivas parejas, lo cual haría que las ecuaciones del electromagnetismo fueran perfectamente simétricas. La teoría del Big Bang conjeturaba que esos polos debían existir en algún lugar.

Pero el argumento más convincente es que todos los datos acumulados durante los últimos treinta años reproducen de forma sorprendente las previsiones de la teoría.

En cierto sentido la inflación es algo que puede percibirse actualmente en la increíble homogeneidad de radiación del fondo cósmico, ese océano de fotones de baja energía que puebla el espacio y que conserva trazas inequívocas de los primeros instantes de vida del universo, como un fósil que presenta todos los detalles de algo que sucedió hace millones de años.

Hoy en día la radiación del fondo cósmico se estudia al detalle mediante los instrumentos más sensibles que puedan imaginarse. Si nuestros ojos pudieran observar lo que observa el *Planck*, el satélite que a día de hoy ha recogido los datos más precisos, tendríamos una maravillosa imagen del cielo que nos circunda. Veríamos una increíble homogeneidad que solo puede explicarse admitiendo que todo lo que nos rodea es fruto de la expansión de un único punto de dimensiones infinitesimales, pero también veríamos una explosión de colores debida a las minúsculas fluctuaciones de temperatura de la radiación cósmica: son los restos fósiles de las fluctuaciones cuánticas de aquel minúsculo punto inicial que dio origen a todo. Si pudiéramos mirar al cielo con los ojos de *Planck* veríamos la fotografía de aquel diminuto rincón de vacío primigenio que, al expandirse más allá de cualquier medida a causa de la inflación, ha dado origen a nuestro universo.

Con todo el inflatón, causante de la inflación cósmica, sigue siendo uno de los misterios más profundos de la física moderna.

PERDIDOS EN EL MULTIVERSO

Si asumimos la idea de que el universo ha pasado por una fase inflacionaria, ¿quién nos asegura que lo mismo que ha ocurrido aquí entre nosotros no ha ocurrido por doquier? Por el contrario, lo normal sería pensar que nuestro universo no es más que una pequeña parcela de una realidad mucho más grande.

Nuestro horizonte observable es limitado, no podemos comunicarnos o contactar con otras regiones más allá de nuestro universo, pero sabemos que es posible que existan. Si asumimos esta hipótesis nuestra singularidad perdería su unicidad. Entraríamos a formar parte democráticamente de una familia de muchísimos universos, cuyo número ha sido calculado por algunos y ronda un terrible 10^{500}, ¡un 1 seguido de quinientos ceros! Si así fuera, sería legítimo conjeturar que el mecanismo que ha producido la inflación puede estar activo en todo momento. Podría estar actuando ahora mismo en cualquier rincón de nuestro universo. Si en una región microscópica, por algún motivo desconocido, el campo que empuja la inflación no encuentra ese mínimo potencial capaz de aplacar su furor, nacerá allí otro universo; con el cual, de todos modos, no podremos comunicarnos.

De esta forma podemos imaginar una especie de superuniverso poblado por un elevado número de mundos. En la mayoría de los casos, las microscópicas fluctuaciones del vacío que ocurren regularmente en el superuniverso vuelven a cerrarse sin producir nada, pero en algunos casos se origina el crecimiento inflacionario que llevará a la formación de otros universos; algunos podrán tener una evolución de larga duración, en ciertos aspectos similar a la nuestra, aunque quizá con leyes de la física completamente distintas.

Por ahora son solo especulaciones, que no han sido ni mucho menos confirmadas experimentalmente, pero resultan muy intrigantes. Y nos alejan aún más, quizá de forma irremediable, de la tradicional idea de que los seres humanos ocupamos un lugar especial en el universo. Al principio pensábamos que todo giraba alrededor de nuestro planeta; luego (tras muchos esfuerzos) pusimos el Sol en el centro del mundo. Y cuando nos dimos cuenta de que nuestro Sol es una estrella dentro de una galaxia secundaria y anónima, una de tantas (quizá centenares de miles de millones) que pueblan nuestro universo, nos quedaba el consuelo de que vivíamos en un «universo» único y especial, nacido de ese irrepetible evento que lleva por nombre Big Bang. Ahora la teoría de los multiversos parece querer arrancarnos también esta última convicción, abandonándonos a nuestra suerte en la búsqueda de razones para saber qué papel jugamos nosotros en todo esto.

EL MISTERIO DE LA MATERIA OSCURA

Por otro lado, nuestro universo esconde secretos que hacen que nuestras convicciones se tambaleen y nuestras teorías entren en crisis. Incluso los objetos más comunes del cosmos, las galaxias, escapan en algunos aspectos esenciales a nuestra comprensión. Las observaciones sobre la velocidad de las estrellas más periféricas de las galaxias espirales, como nuestra Vía Láctea, llevan indefectiblemente a una conclusión: más allá de la materia visible —formada por estrellas, polvo, nebulosas y, en ocasiones, un gran agujero negro que suele ocupar el centro de la espiral— estas galaxias contienen cantidades ingentes de otro ingrediente difícil de identificar. De no ser así, las estrellas periféricas no podrían moverse a la velocidad observada, sino que deberían ir mucho más lentas. El resultado: una materia invisible, inexplicable y que no emite luz —por ello recibe el nombre de «materia oscura»— envuelve completamente las galaxias llenando todo el espacio que ocupan y rodeando sus enormes dimensiones de un «gas» pesado y ligero cuya composición nos es completamente desconocida.

Todavía más sorprendentes son las observaciones sobre los grandes «cúmulos». Las galaxias se parecen en cierto modo a nosotros, les gusta vivir en familia. Son los cúmulos de galaxias, compuestos por decenas o miles de miembros relativamente cercanos (a escala cósmica, se entiende); se han estudiado miles de ellos. Al verlos, lo primero que se pregunta un físico es: ¿qué es lo que los mantiene unidos? La respuesta parece obvia: la fuerza de la gravedad con la cual las galaxias se atraen entre sí. Pero al hacer los cálculos las cuentas no cuadran. La masa visible de las galaxias, luminosa y mensurable, es demasiado pequeña. Es necesario conjeturar la existencia de una forma desconocida e invisible de materia para poder explicar la estabilidad de estas gigantescas formaciones, una materia misteriosa y omnipresente: en los cúmulos, en cada galaxia, alrededor de todas las estrellas y planetas; incluso aquí y ahora, a nuestro alrededor, en las habitaciones de nuestras casas.

Filamentos de materia oscura se extienden a lo largo de miles de millones de años luz, como una telaraña cósmica que envuelve las diminutas regiones donde se concentra la materia visible. Gracias a las heterogeneidades iniciales de esta misteriosa forma de materia se han ido agregando los cúmulos, donde surgieron las primeras estrellas, unos 400 millones de años después del Big Bang; luego surgieron las primeras galaxias cuya evolución dio pie a todo el resto, desde la formación de sistemas solares y planetas hasta nosotros. Los estudios más recientes dicen que esta materia invisible y omnipresente constituye el 27% de la masa total del universo; alrededor de un cuarto del mundo material que nos rodea está formado por esta forma oscura y misteriosa de materia, y es vergonzoso admitir que no tenemos ni la menor idea de qué la compone.

EL ENCANTO DE SUSY

Desde que las pruebas que demuestran la existencia de la materia oscura se han multiplicado, los teóricos se han dedicado a elaborar un número considerable de posibles explicaciones. Estas teorías son muy diversas entre sí. Una de las más sugestivas es la supersimetría, muy apreciada por los físicos porque unida al puzle de la materia oscura proporcionaría una elegante explicación a esta y otras cuestiones.

En realidad, se trata de una familia de teorías unidas por la hipótesis de que la materia conocida no es más que una parte de la materia primordial que produjo el Big Bang. La teoría propone que cada partícula conocida tiene una pareja supersimétrica, una partícula idéntica en todos los sentidos, excepto en que es mucho más pesada y tiene un espín diferente (una propiedad parecida en ciertos aspectos a la rotación alrededor de un eje pero que es propia de las partículas, como la carga eléctrica).

Para evitar esfuerzos de memoria los físicos han decidido —salvando algunas excepciones— llamar a las parejas supersimétricas con el mismo nombre que las partículas conocidas, agregando simplemente una ese delante. Así, la pareja del electrón se llama «selectrón», la del quark top se llama «stop», etcétera. A fin de que todo fuera más cautivador si cabe, para describir de forma genérica las teorías supersimétricas se usa el acrónimo SUSY, que parece el nombre de una chica.

Internamente, la teoría resulta consistente y coherente con todas las observaciones, así que conviene tomarla en serio. Pero ¿por qué no hay huellas de las partículas supersimétricas en la materia que nos rodea? Muy simple: estas partículas poblaban el universo primordial en la misma proporción que la materia ordinaria. Aquel objeto incandescente era un ambiente idóneo para la existencia de partículas tan compactas y energéticas, pero el rápido enfriamiento del universo en expansión produjo la extinción en masa de las SUSY. Imposibilitadas para la vida, se desintegraron casi inmediatamente en la materia ordinaria: por esta razón ya no podemos encontrarlas. En realidad podrían haber desaparecido todas menos una. De hecho, la teoría contempla que la más ligera de la familia es una partícula estable y no se desintegra. Esta partícula es la pareja SUSY de los ligerísimos neutrinos: se llama «neutralino» y no interactúa sino débilmente con otras formas de materia, aunque es muy pesada y puede llegar a construir enormes agregados capaces de una intensa atracción gravitacional. Aquí tendríamos una explicación para lo que vemos cuando miramos una galaxia o un cúmulo de galaxias. La materia oscura, que mantiene unidas estas enormes estructuras cósmicas, podría ser un gas formado por pesados neutralinos, restos fósiles de aquella época primordial donde la materia supersimétrica dominaba el mundo.

Así pues, al buscar el origen de la materia oscura nos topamos con una forma de materia maravillosa que ni siquiera imaginábamos que existiera; como si hasta ahora hubiéramos mirado al suelo y no hubiésemos alzado los ojos al cielo para ver las maravillas que contiene; como si la otra mitad del universo hubiera estado siempre ante nosotros y no hubiésemos hallado coraje para mirarla.

Pero para demostrar la teoría será necesario encontrar partículas SUSY y, hasta hoy, nadie lo ha logrado. ¿Por qué todavía no han sido observadas? Puede que la teoría sea errónea; o, simplemente, porque las superpartículas más ligeras, presumiblemente los neutralinos, son tan compactas que ni siquiera con los aceleradores más potentes hemos alcanzado la energía necesaria para producirlas; o quizá porque tienen características muy diferentes a las que hasta ahora hemos imaginado. Pero cualquier día es bueno para realizar un descubrimiento que revolucione en lo más profundo nuestra forma de concebir la realidad que nos rodea.

TIENE QUE HABER UNA EXPLICACIÓN

Por si no fuera suficiente, un descubrimiento reciente ha cambiado drásticamente el panorama. Ya sabíamos que la expansión del universo, que se inició en el Big Bang, sigue a día de hoy; solo hace falta observar las galaxias y los cúmulos de galaxias: cuanto más lejos están de nosotros, más rápido se alejan. Hasta hace pocos años se esperaba que a causa de la atracción gravitacional recíproca de todas las formas de materia la velocidad con que se alejaban disminuyera con el tiempo; en cambio, al estudiar las galaxias más lejanas, a finales de los noventa se demostró que su velocidad no solo no disminuía, sino que aumentaba. Algo acelera las galaxias, una especie de antigravedad que hace que crezca la distancia entre una isla de materia y otra. A menos que algo cambie, todo se mantendrá igual indefinidamente, cada vez más rápido, hasta que las distancias sean tan grandes que la oscuridad lo envuelva todo y un frío sideral inunde el universo entero.

Ya, pero ¿qué es lo que origina este impulso expansivo? No lo sabemos. Tal vez un nuevo campo de fuerzas, o una propiedad del vacío que todavía no hemos descubierto, o quizá un residuo fósil del estado inicial que produjo el crecimiento paroxístico de la inflación. Es posible que después de haberse calmado temporalmente y haber reposado plácidamente durante millones de años se haya despertado de nuevo y haya vuelto a soplar, aunque sea ligeramente.

Al no tener la menor idea de lo que puede ser, los científicos han llamado a esta entidad expansiva «energía oscura». La densidad de esta incierta energía es extremadamente tenue; aun así ocupa por entero el volumen del universo, siendo su ingrediente principal, ya que contribuye con un 68% a la masa total. Si incomodaba reconocer que no teníamos la menor idea de la composición de la materia oscura, que supone una cuarta parte de la materia que nos rodea, imaginemos el golpe que supuso en la comunidad científica admitir que tampoco se sabía nada de casi todo el resto, es decir, dos tercios de lo que nos rodea.

En fin, si se consideran en conjunto la energía y la materia oscura, el lado oscuro del universo, ese del que no sabemos nada, es con mucho la parte preponderante. Llegados a este punto incluso los más escépticos tendrán que admitir que nuestra ignorancia es inmensa: el 95% de lo que nos rodea nos es total y absolutamente incomprensible.

Con todo, tiene que haber una explicación. Sabemos que en algún lugar de la radiación del fondo cósmico han quedado huellas, por ahora imperceptibles, de los primeros instantes de vida del universo. Son huellas que podrían contarnos al detalle todo lo que hoy nos parece tan misterioso, pero necesitaríamos una sensibilidad cien veces, o quizá mil veces superior a la que tienen los instrumentos más modernos.

Por no hablar de la posibilidad de detectar señales todavía más escurridizas emitidas bajo forma de ondas gravitacionales. Señales tan débiles que han logrado escapar a décadas de acecho sistemático realizado con aparatos extremadamente sofisticados. Todos nosotros soñamos con inventar nuevas técnicas que permitan registrar estas señales, o descubrir otras nuevas, para por fin descifrar el leve susurro con el que el cosmos no deja de contarnos su nacimiento.

Los aceleradores de partículas como el LHC son una parte de este gran proyecto. Está en juego la comprensión de la realidad en la que vivimos, y el recién descubierto bosón de Higgs podría tener mucho que decir al respecto. Es increíble cómo una única partícula —por otro lado, tan huidiza— puede abrir las puertas hacia un conocimiento nuevo y sorprendente sobre el origen del cosmos y la materia.

Todo científico, al menos una vez en la vida, ha soñado con vivir ese momento mágico en que se asoma por un instante al borde del abismo que señala los confines de nuestro conocimiento y echa un vistazo más allá; y espera que lo que ve y que por un momento solo él conoce cambiará profundamente la visión del mundo, la vida, la sociedad, el futuro de la humanidad. Merece la pena dedicar una vida entera a este sueño.

2
LOS CHICOS DEL 64

Estocolmo, 23 de julio de 2013, 18.30

Tiene el paso ágil como el de un muchacho y se nota que está acostumbrado a caminar. A pesar de sus ochenta y cuatro años y de su aspecto frágil, en cuanto le propongo ir a pie avisa al chófer del Mercedes azul que los organizadores de la conferencia han puesto a su disposición y comenzamos a caminar. El hotel está a un kilómetro y medio del Vasa Museum y hay que rodear la ensenada, pero la temperatura del bello día veraniego es realmente agradable. Esta noche será la cena en sociedad y la han organizado allí mismo, en el único museo del mundo que celebra un fracaso colosal.

El galeón *Vasa* era el orgullo de la flota de Gustavo Adolfo de Suecia. Tenía que ser la almiranta más hermosa, la más imponente y más escrupulosamente armada del mundo. Había que botarla cuanto antes para mandarla urgentemente contra los polacos y los lituanos, que le disputaban a la potencia naval sueca el monopolio del comercio en el Báltico. El proyecto originario no convenció del todo al rey. No era lo bastante imponente y Gustavo Adolfo instó a los ingenieros a que añadieran otro puente y lo cargaran con cañones de bronce. De nada sirvieron las cautas y tímidas objeciones por parte de algunos expertos carpinteros: la voluntad del rey no se discutía.

Haber descuidado este detalle salió muy caro: el 16 de agosto de 1628, el día del viaje inaugural en la bahía de Estocolmo, el buque que debía celebrar el poderío marítimo de la corona de Suecia se hundió como una piedra en el barro de la ensenada. Siglos más tarde lo sacaron de allí intacto, con la madera de finísimas decoraciones y sus cañones de bronce, que no habían disparado una sola bala.

Ahora puede visitarse en este museo, construido a unos cientos de metros del lugar bajo el agua donde descansó durante más de tres siglos; hace las delicias de los niños de todo el mundo, que pueden subir a bordo y tocar uno de esos navíos que pueblan su imaginación.

Durante los veinte minutos del paseo, Peter me cuenta alegremente sus excursiones por los alrededores de Edimburgo y luego las muchas e interminables marchas por la paz en las que ha participado. En un momento dado, me pregunta curioso: «¿Cómo habéis conseguido que tres mil físicos trabajen conjuntamente de forma coherente?». Me divierto contándole los conflictos, las disputas, las dudas que circulaban entre los colaboradores cuando empezamos a detectar las primeras señales de la partícula que lleva su nombre. Cuando le hablo de las apuestas que habría ganado, él ríe complacido y añade: «Francamente, yo también me sorprendí de que llegarais a descubrirla. No estaba nada seguro de que existiera realmente».

La mayoría de la gente considera a Peter Higgs un hombre de carácter difícil, una especie de ogro hosco y aburrido. Nada más lejos de la realidad. Esta mala fama nace probablemente de su conflictiva relación con los periodistas. Peter intenta evitarlos desde que un tipo sin escrúpulos le jugó una mala pasada: publicó una entrevista donde le atribuía frases negativas que él no había pronunciado. Así, su reticencia a aceptar entrevistas ha provocado que se le achaque una actitud de misántropo completamente infundada. Peter siempre ha sentido temor y recelo de los periodistas; incluso ayer, durante la rueda de prensa, me pareció tenso y desamparado.

La Conferencia de la Sociedad Europea de Física es la más importante del año. Además, esta edición tiene lugar en Estocolmo, tres meses antes de la fatídica fecha del 8 de octubre, cuando la Real Academia de las Ciencias anuncia al mundo los ganadores del Premio Nobel de Física. Todo el mundo sabe que durante el último año en el LHC hemos recogido pruebas de que la nueva partícula descubierta en 2012 tiene características muy parecidas a las previstas por Brout, Englert y Higgs en 1964. Se espera que la Real Academia de las Ciencias lo tenga en cuenta, y todas las miradas apuntan a los dos «jovenzuelos» que están aquí. Todo el mundo cree que este año la suerte les sonreirá.

Ayer, François y Peter abrieron la conferencia con dos clases conmovedoras y los organizadores han programado en su honor una rueda de prensa durante el intervalo previsto para la comida, justo al término de la sesión inaugural.

Un periodista le pregunta a Peter Higgs qué se siente al ser considerado el padre de una partícula tan importante y él responde secamente: «Nada en particular, porque mi contribución fue mínima». Otros, en busca de un gran titular, insisten: «Háblenos del momento del eureka». A lo que él, con una sonrisa, responde: «Era agosto y acababan de rechazarme el artículo que había escrito. Durante un par de días pensé en desistir. Luego añadí unas cuantas frases, porque evidentemente no lo habían entendido».

Son muy diferentes entre sí; de hecho, tienen personalidades opuestas. Peter es tímido y lacónico, François es enérgico e impetuoso. Cuando uno habla se le ve rígido, absorto, apenas mueve los labios y es parco en palabras. El otro se alborota, gesticula con las manos y el cuerpo para ilustrar los conceptos que expone; cuenta historias, bromea, y de vez en cuando parece que su atolondrado discurso no vaya a tener fin. Pero esta no es la única diferencia. François Englert tiene raíces judías: durante la guerra sobrevivió al Holocausto, pero su familia recibió golpes muy duros. Era un niño cuando los nazis invadieron Bélgica y escapó a la masacre gracias a que estuvo escondido durante años. Es un *enfant caché*, como se llamaban los niños judíos acogidos por orfanatos o familias muy valientes que se hacían pasar por cristianos. Carga en su alma todas las heridas de aquel terrible periodo, y tal vez su entusiasmo, la viveza que le rezuma por todos los poros de la piel, es una reacción natural de quien ha vivido demasiado tiempo aterrorizado. Tras sobrevivir a aquellos tiempos horribles vio a muchos miembros de su familia emigrar a Israel, país que visita a menudo y con el que mantiene una relación muy especial.

Todo lo contrario que Peter Higgs. Desde los años sesenta, Peter participa en las manifestaciones por el desarme y a favor de la paz. Es un verdadero activista y sus convicciones políticas lo han llevado a defender a menudo la creación de un estado en Palestina. En 2004 le comunican que ha ganado el Premio Wolf, una prestigiosa condecoración otorgada en Israel por la fundación homónima y cuya importancia solo es superada por el Premio Nobel, pero la ceremonia dispone que los ganadores reciban el premio de manos de Moshe Katsav, por aquel entonces presidente de Israel. Peter no duda: se niega a viajar a Jerusalén. A la ceremonia de entrega solo asisten sus dos amigos: Englert y Brout.

La familia de François es muy numerosa. Se ha casado tres veces y tiene multitud de hijos y nietos esparcidos por todos los rincones del planeta. Peter, en cambio, solo se ha casado una vez, con su amadísima Jody, una apasionada lectora americana de Urbana, Illinois, que trabajaba en la misma universidad de Edimburgo. En cuanto la vio se enamoró perdidamente. Lo compartían todo: visión del mundo, pasión política, compromiso social. Él tenía poco más de treinta años y trabajaba día y noche. Su adorada mujer lo cuidaba, ayudaba y alentaba. Eran una pareja perfecta y se amaban con locura. Reían, jugaban, hacían proyectos para el futuro, se peleaban y hacían las paces. El nacimiento de su primer hijo coincidió con la época en que el artículo de Peter empezaba a tenerse en consideración y lo llamaban para organizar seminarios y presentar sus resultados en las universidades más prestigiosas. Parecía un momento de felicidad perfecta. Luego, poco a poco, algo empezó a desmoronarse imperceptiblemente. Las primeras incomprensiones, una sensación de extrañeza, la impresión de un hechizo que se rompe. El joven físico había resuelto todos los problemas que lo afligían, había publicado un artículo que pasaría a la historia, pero su joven esposa se apartó de su camino; fue entonces cuando algo se rompió. El lamento de las emociones sepultadas y la angustia causada por el abandono hundieron aquella mente brillante en la depresión. A partir de ese momento, el joven físico se encerrará en su casa, las relaciones con sus amigos se deteriorarán, todo se volverá difícil, y su trabajo no volverá a producir un solo resultado notable.

En resumen, Peter y François tienen personalidades diametralmente opuestas. Además, es inútil esconder que François siempre ha contemplado con cierto fastidio ese nombre, «el bosón de Higgs», que todo el mundo utiliza desde que Steven Weinberg lo popularizó y que podría oscurecer el trabajo que realizaron Robert y él. Y a Peter se le nota en la mirada que no está cómodo cuando interactúa con François y su torbellino de gestos y palabras. Es evidente para todo el mundo que no congenian.

La reunión con los periodistas se acaba y nos trasladamos a una sala contigua, donde devoramos a toda prisa unos emparedados y algo de fruta antes de que la conferencia vuelva a empezar. Ahí, mientras estoy sentado junto a Peter y François comiendo el primer bocadillo, ocurre algo totalmente inesperado. Empiezan a hablar entre sí, a contarse cosas, y yo estoy en medio, callado, observando la escena. Tengo la impresión de asistir a una charla que han tenido pendiente durante casi cincuenta años. Descubro que nunca se han tratado más que en público y de pasada, y que no han tenido tiempo de hablar y contarse cómo llegaron a escribir aquellos artículos, qué dudas y esperanzas tenían. Es como si todo volviera a empezar en el verano del 64, cuando sus vidas cambiaron para siempre. Yo escucho, los dejo conversar, me siento un privilegiado pudiendo asistir a esta especie de reconciliación afectuosa entre dos personalidades que no se amaban precisamente. Ahora, los dos «chicos del 64» hablan, y recordando, se conmueven. Nos llaman anunciando que la conferencia ha vuelto a empezar, pero ellos no quieren saber nada: todavía tienen mucho que contarse.

LA INTERACCIÓN DE FERMI

La historia del bosón tiene un largo prólogo que se inició hace casi una centuria. Podría decirse que todo empezó a principios del siglo XX, un periodo sin parangón en la historia de la ciencia. En una secuencia de acontecimientos encadenados que se sucedieron con el trepidante ritmo de un *crescendo* rossiniano, un grupo de mentes excepcionales produjo en pocos años un cambio de paradigma en la forma de pensar de la humanidad.

La relatividad especial, la mecánica cuántica y la relatividad general proporcionaron las bases para una nueva forma de concebir la materia y el universo. Además, los cambios resultaron ser tan profundos que hoy, un siglo más tarde, todavía resulta difícil apreciar bien sus consecuencias.

Sobre estos pilares una nueva generación de físicos llevó a cabo un cúmulo de descubrimientos sorprendentes y elaboró nuevos modelos teóricos para explicar las observaciones realizadas hasta el momento; modelos que eran discutidos sistemáticamente en cuanto salían a la luz nuevas mediciones. Así es la historia del Modelo Estándar de las interacciones fundamentales.

La historia empieza en 1933 gracias a la intuición de un joven científico italiano, Enrico Fermi. El profesor de Roma lidera a un grupo de jovencísimos físicos, no mucho más jóvenes que él, entre los cuales goza de una autoridad tal que se ha ganado el inequívoco apodo de el Papa. El grupo está realizando una serie de experimentos y de estudios destinados a pasar a la historia en varios campos de la física. Los llamarán «los chicos de la Vía Panisperna», por el nombre de la calle donde se encuentra el Instituto de Física donde trabajan. Son algunas de las mentes más brillantes del siglo xx: Edoardo Amaldi, Oscar d'Agostino, Ettore Majorana, Bruno Pontecorvo, Franco Rasetti y Emilio Segrè. Los resultados que obtienen son tan increíbles que muy pronto el mundo entero conocerá a los chicos de Fermi.

Desde que llegara a la Universidad de Pisa para estudiar física, el joven Fermi había impresionado a todo el mundo. A los diecisiete años, el joven romano escribió un ensayo como prueba de admisión a la prestigiosa Escuela Normal Superior de Pisa que tenía la originalidad y complejidad de una tesis. Todos los que hemos estudiado en Pisa recordamos el frontispicio de su primer trabajo, «Características distintivas de los sonidos y sus causas», expuesto en los despachos del departamento (dedicado años más tarde precisamente a Enrico Fermi). El joven y brillante estudiante sube a menudo a la cátedra a impartir la lección; junto a sus compañeros Rasetti y Carrara organiza experimentos y antes de licenciarse ya ha publicado algunos artículos de física. Se licencia con veintiún años, y cuatro años más tarde ya es profesor de física teórica en la Universidad de Roma.

En 1933, a sus treinta y dos años, desarrolla una teoría tan revolucionaria que el artículo que envía a *Nature* es rechazado porque «contiene especulaciones demasiado alejadas de la realidad física para considerarse de algún interés para el lector». Lo publicará *La Ricerca Scientifica*, la revista del Consejo Nacional de Investigación, y de este modo incluirá entre sus páginas uno de los artículos de física más importantes del siglo xx.

La teoría de Fermi trata de un particular proceso radiactivo cuyo origen era desconocido en la época: la desintegración beta, que se llama así porque se caracteriza por la emisión de «radiación beta», es decir, electrones. Fermi será el primero en interpretar este fenómeno como la manifestación de una nueva fuerza hasta entonces desconocida. Para describirla parte de la hipótesis de que esta fuerza mantiene una estrecha analogía con la fuerza electromagnética. Es la hipótesis más simple y permite definir un único parámetro, la constante G, que Fermi logra calcular con increíble precisión. Durante muchos años, esta nueva fuerza recibirá el nombre de «interacción de Fermi»; al cabo de unos años cambiará de nombre, cuando la teoría ya haya sido aceptada por todo el mundo. Desde entonces se conoce como interacción débil, aludiendo al minúsculo valor de la constante G que determina la intensidad de la fuerza y que sigue llamándose «constante de Fermi» en honor a su descubridor.

En 1938 le conceden el Premio Nobel a Enrico Fermi por descubrir los elementos transuránicos y las reacciones nucleares inducidas por neutrones lentos; son grandes contribuciones a la ciencia, estudios decisivos que han conducido a la comprensión y control de la energía nuclear. Pero la aportación de Fermi al descubrimiento de una de las cuatro interacciones fundamentales del universo, algo que resultaría evidente años más tarde, seguramente debería haberle dado otro Nobel; con toda seguridad el reconocimiento habría llegado tarde o temprano, pero este capítulo se cerró con la muerte prematura del gran científico en 1954.

Hoy sabemos que la interacción débil, a pesar de no presentarse salvo en casos excepcionales en la materia ordinaria que conocemos, juega un papel fundamental en el universo. Sin interacción débil el Sol y todas las estrellas no podrían producir la energía que luego difunden por todo el espacio. El universo estaría poblado de formas insólitas de materia y el cosmos tendría características completamente diferentes de las que nos resultan familiares, pero nadie podría darse cuenta porque no sería posible ninguna de las formas de vida que conocemos.

La innovadora idea del joven Fermi ha abierto la puerta a la unificación de la fuerza electromagnética y la fuerza débil que, treinta años más tarde, constituirán la base del Modelo Estándar de las interacciones fundamentales.

EL NACIMIENTO DEL MODELO ESTÁNDAR

Su historia es parecida a la de las grandes catedrales góticas del siglo XII. Para construir esas catedrales hacían falta arquitectos geniales que las proyectaran, pero también miles de maestros canteros, escultores y cinceladores que tradujeran en formas maravillosas aquellas ideas visionarias. Algo parecido ocurrió en el caso del Modelo Estándar: sus pilares son la mecánica cuántica y la relatividad, las dos grandes revoluciones conceptuales que inauguraron el siglo XX. Sobre estas se construyeron las infraestructuras maestras, como la genial intuición de Enrico Fermi; luego llegó el racional trabajo de los grandes arquitectos (Sheldon Glashow, Steven Weinberg y Abdus Salam) y a su alrededor el incesante y sistemático trabajo de otros miles de científicos. El Modelo Estándar nace tras décadas de estudio teórico e impresionantes concatenaciones de descubrimientos experimentales que en varias ocasiones obligaron a replantear el cuadro general; igual que como ocurría siglos antes, cuando durante la construcción de una catedral descubrían que algunas soluciones resultaban demasiado atrevidas y la estructura no soportaba el peso o la fuerza lateral, y por tanto había que incorporar a la construcción nuevas soluciones que se convertirían en medidas estándar de las próximas catedrales.

La teoría es elegante y genial. A pesar de contener demasiados parámetros y constantes cuyo significado sigue sin ser del todo claro, su éxito es inmediato porque su poder predictivo es enorme; conjetura nuevas partículas que se descubren regularmente y permite calcular con extremada precisión nuevas magnitudes que los físicos experimentales encuentran acordes con las previsiones, en algunos casos hasta la décima cifra decimal.

El Modelo Estándar considera que la materia está constituida por tres familias de quarks y tres de leptones que, al reaccionar entre sí y combinarse mediante leyes concretas, producen todo lo que nos rodea. Las doce partículas elementales (tres parejas de quarks y tres parejas de leptones) interactúan entre sí intercambiándose otras partículas, los portadores de las cuatro fuerzas fundamentales: el fotón, la partícula de que se compone la luz, transmite la conocida fuerza electromagnética, mientras que los gluones, portadores de la fuerza de color, transmiten la interacción fuerte, que mantiene unidos los quarks dentro de los protones, y que prevalece sobre la repulsión electroestática entre protones en el núcleo. En cambio, la interacción débil se propaga a través de la emisión y absorción de partículas muy pesadas, llamadas W y Z. Por último tenemos la atracción gravitacional, que actúa entre cuerpos con masa o energía y se transmite a través del intercambio de gravitones, portadores de la gravedad, que todavía no han sido observados experimentalmente.

Los portadores de las fuerzas tienen espín entero (1 o 2) y juntamente con las partículas que tienen espín o constituyen el grupo de los bosones. Los quarks y los leptones, que conforman la materia, tienen un espín fraccionario, 1/2, y reciben el nombre de fermiones.

La viga maestra del Modelo Estándar es la unificación de la interacción electromagnética y la débil, convertidas en dos manifestaciones diferentes de una misma fuerza: la interacción electrodébil. Todo nace de una analogía formal que refuerza la creencia de la que partió Fermi para definir la interacción débil. Las ecuaciones que describen las dos interacciones son prácticamente idénticas y esta identidad formal no puede deberse al azar. Así pues, se repite el milagro que durante el siglo XIX llevó a la confluencia de los fenómenos eléctricos y magnéticos en la teoría unificada de Faraday, Maxwell y Lorentz; por otro lado, es un descubrimiento que podría revolucionar no solo los pilares de la comprensión de la naturaleza, sino la sociedad en general.

Es un argumento que suelo utilizar cuando el típico periodista me pide que explique en pocas palabras cuál podrá ser el impacto económico y social de los nuevos descubrimientos científicos sobre el bosón de Higgs. No sé responder a esta pregunta, pero sé que hoy en día, de no ser por la comprensión del electromagnetismo, viajaríamos en trenes de vapor, usaríamos velas y lámparas de gas para iluminarnos y palomas mensajeras para comunicarnos. No sé si la unificación electrodébil traerá consigo nuevas tecnologías, pero sé que nadie, durante la segunda mitad del XIX, cuando se formularon las leyes de Maxwell, habría podido imaginar que el mundo cambiaría a tal velocidad y tan profundamente gracias a esas cuatro ecuaciones.

LA LOCA OCURRENCIA DE OTRO ANTIGUO ALUMNO DE PISA

El triunfo del Modelo Estándar coincide con la entrada del CERN en el panorama de la física internacional. En sus inicios, al laboratorio europeo creado en 1954 le cuesta afirmarse en el ámbito de la física de partículas, cuya hegemonía pertenece tradicionalmente a la superpotencia americana. El primer resultado relevante del CERN llega en los años setenta, cuando se descubren las corrientes neutras (un elusivo fenómeno que constituyó la primera evidencia indirecta de la existencia del bosón Z que conjeturaba el Modelo Estándar). Su apoteosis llega en los ochenta con el descubrimiento de los bosones W y Z, portadores de la interacción débil.

El descubrimiento lo protagonizó otro antiguo estudiante de la Universidad de Pisa y brillante alumno de la Escuela Normal Superior. Han pasado unos cuarenta años desde la publicación del artículo de Fermi sobre la interacción débil y nadie ha logrado descubrir a los portadores de esta fuerza que, según la teoría, son extremadamente compactos. Para sobreponerse a las dificultades, el joven Rubbia le propone al CERN que construya un acelerador totalmente innovador; es una idea revolucionaria, disparatada a primera vista: hacer circular, en el mismo acelerador, haces de protones y antiprotones y hacer que colisionen, con el fin de disponer de energía suficiente para producir las fantasmales partículas. El proyecto supone modificar radicalmente el acelerador más potente del CERN para adaptarlo a las nuevas funcionalidades y comporta la solución de una gran cantidad de problemas técnicos. Rubbia tiene una personalidad explosiva, capaz de comprometer y arrastrar a un proyecto incluso al perchero de la habitación. En ese momento llegó en su ayuda uno de los mayores expertos en aceleradores, el físico holandés Simon van der Meer, que propuso un método revolucionario para construir y mantener la focalización de los haces de antiprotones, un elemento decisivo a la hora de alcanzar una intensidad adecuada en las colisiones.

Una vez que, a principios de los ochenta, se han convencido incluso los colegas más reticentes, se pone en marcha el nuevo acelerador. Todo va a pedir de boca y muy pronto aparecen en los enormes detectores construidos alrededor de las zonas de interacción las primeras y tan esperadas señales. En diciembre de 1983, en un seminario del CERN, Rubbia anuncia al mundo el descubrimiento de W y Z; al año siguiente, Van der Meer y él recibirán el Premio Nobel.

Yo me encontraba entre los cientos de personas que abarrotaban el auditorio, y mientras Rubbia hablaba por los codos, utilizando cientos de diapositivas, mostrándole al compacto y silencioso auditorio el agregado de Z y los primeros W, recuerdo haber tenido un pensamiento claro, una especie de sueño lúcido: por unos instantes me imaginé a mí también sobre aquella tarima, algún día, en aquel mismo auditorio repleto de físicos, mostrando las pruebas de la existencia de alguna nueva partícula que cambiaría para siempre nuestra visión del mundo. Estoy seguro de que todos los jóvenes físicos que aquel día abarrotaban la sala tuvieron el mismo sueño.

EL PUZLE DE LA MASA

Pero los éxitos que reúne el Modelo Estándar no pueden ocultar un problema de fondo que se esconde en el arquitrabe de toda la construcción teórica.

¿Cómo es posible que las dos interacciones, tan distintas entre sí, sean manifestaciones de una misma fuerza? El radio de acción de la fuerza electromagnética es infinito: los fotones que emiten las farolas que iluminan nuestras calles de noche acabarán por llegar a los rincones más remotos del cosmos; por otro lado, durante milenios, hemos vivido ignorando la interacción débil, porque solo se manifiesta en las diminutas distancias subnucleares y no sobrevive fuera de estas. Una ley general de la física nos dice que el radio de acción de una fuerza es inversamente proporcional a la masa de la partícula que la transporta; he aquí por qué la fuerza electromagnética tiene un radio de acción infinito: es un regalo que solo puede hacer el fotón, cuya masa es nula. Ahora se comprende mejor por qué W y Z tienen que ser tan compactas. Solo partículas sumamente pesadas podrían transportar una fuerza con un radio de acción tan corto como la fuerza débil, pero entonces ¿cómo puede el fotón, carente de masa, mediar la misma interacción electrodébil que transportan W y Z? ¿Cuál es realmente la diferencia entre W y Z y el fotón? ¿Qué es exactamente la masa?

En jerga técnica estas cuestiones reciben el nombre de «ruptura espontánea de la simetría electrodébil», aludiendo al hecho de que (en teoría) partimos de una situación simétrica donde la fuerza electromagnética y la débil son la misma, cuando en realidad la simetría está «rota» y las dos fuerzas son distintas. El problema de las consecuencias de esta ruptura se planteó en los años sesenta y desde entonces son varias las soluciones que se han propuesto, pero ninguna parece del todo convincente cuando entran en juego los chicos del 64. Una vez más, unos jóvenes proponen una idea nueva, diferente, que en un primer momento nadie toma en consideración. Son dos jóvenes belgas y un inglés de poco más de treinta años.

Robert Brout y François Englert son buenos amigos, tienen un gran sentido del humor y son amantes de la buena cocina, las mujeres hermosas y la guasa. Son de carácter extrovertido, están llenos de ideas y contagian su entusiasmo a todo el mundo. Llevaban mucho tiempo trabajando en el campo de la física del estado sólido, pero desde hace unos meses han decidido concentrar su atención en una cuestión relativa a la física de partículas. No es su terreno y vacilan un tiempo antes de presentar a publicación su primer trabajo en esta disciplina; les da miedo haber descuidado algún detalle banal, o haber escrito alguna bobada. La solución les parece obvia; la han observado a menudo en situaciones típicas del estado sólido. Si las ecuaciones de las dos interacciones son las mismas, lo único que puede romper la simetría es el medio en que se propagan; es decir, el vacío. En otras palabras, es el vacío lo que «rompe la simetría», porque el vacío no está… vacío. Para justificar la diferencia entre fuerza electromagnética y fuerza débil es necesario admitir la existencia de un «campo» que ocupe cada rincón del espacio.

Dicho así parece una nimiedad, pero si se analiza detenidamente no resulta tan extraño que, al principio, nadie se los tomara en serio. Llegan dos «neófitos» y dicen que todos los rincones del universo están sumergidos en algo ligero y misterioso que nadie, antes que ellos, ha percibido. El artículo que envían es publicado, pero al principio no genera reacciones relevantes.

Unas semanas más tarde, la misma revista recibe otro artículo que trata de los mismos temas pero desde un punto de vista totalmente diferente, llegando a conclusiones análogas. El autor es Peter Higgs, un joven y desconocido físico inglés que lleva poco tiempo en Edimburgo; tiene casi la misma edad que los dos belgas, aunque su carácter es completamente diferente.

Es físico matemático y trabaja solo. Serio, reservado, perdidamente enamorado de su mujer, no suele relacionarse con sus colegas ni es propenso a la juerga. Una primera versión de su artículo ha sido rechazada por otra revista. Él, a desgana, ha tenido que ponerse manos a la obra otra vez durante un par de semanas de agosto para responder a las objeciones de los *referee*, es decir, los científicos que de forma anónima deciden si el artículo propuesto merece o no ser publicado. Al final, Peter decide desarrollar uno de los argumentos que le piden que pormenorice y su conclusión es clara: sí, la ruptura espontánea de la simetría electrodébil ocurre por efecto de un campo producido por un nuevo bosón dotado de masa. La siguiente versión de su artículo es aceptada y se publica en la revista semanas más tarde de que aparezca el artículo de Brout y Englert, a quienes Peter Higgs cita.

Muchos años después, en Estocolmo, mientras brindamos por la medalla que le acaban de conceder, Peter me confesará: «Qué extraño es el mundo: si en el 64 no me hubieran rechazado aquel artículo, no estaría aquí esta noche».

El mecanismo que propone es simple. Si se lee descrito en pocas fórmulas casi parece obvio. La masa, la propiedad más elemental de las partículas, esconde una trampa. ¿Cómo es posible que no se nos haya ocurrido antes? Los ligeros leptones y los quarks, más pesados, nacen democráticamente carentes de masa. Es el campo de Higgs, que ocupa todo el universo, lo que selecciona y distingue las partículas compactas de las ligeras; cuanto mayor es la interacción con el campo, mayor es la masa de la partícula.

Es difícil, sino imposible, hallar analogías que definan con exactitud un mecanismo que actúa sin gasto de energía. Las imágenes que se utilizan habitualmente no hacen justicia a la

peculiaridad del mecanismo de ruptura espontánea de simetría. A mí me gusta representarlo como una línea agresiva
y corpulenta de defensas en un partido de rugby que ignora y
deja pasar a velocísimos fotones, que se escabullen por entre
sus piernas, pero si lo intenta un W o un Z la cosa cambia.
Los defensas se precipitan implacables sobre ellos y los aga-
rran por los tobillos, derribándolos. Por su parte, ellos intentan levantarse en vano, reptando trabajosamente para recorrer distancias minúsculas y arrastrando tras de sí un puñado
de bosones. Es posible que el frágil equilibrio sobre el que se
sustenta nuestro universo esté construido de este modo: así,
los fotones nos traen la luz de las estrellas más lejanas mientras las interacciones débiles que mantienen el Sol encendido
se ocultan a nuestros ojos, recluidas como están en distancias
subnucleares.

La idea es revolucionaria, pero tampoco en este caso se
produjeron reacciones relevantes de inmediato. Por decirlo
con palabras de Peter Higgs: «Al principio, nuestros artículos
fueron completamente ignorados». Alguno se planteó incluso
dedicarse a otra profesión, pero poco a poco la situación cambió. En parte porque las explicaciones propuestas por Brout-
Englert y Higgs parecían simples y elegantes, y porque encontraron un patrocinador excepcional, Steven Weinberg, el padre
de la unificación electrodébil, que cada vez más a menudo ci-
taba el mecanismo de Higgs en sus seminarios. Cuando al cabo
de unos años Gerard 't Hooft, un jovencísimo estudiante holandés, logró demostrar después de varios meses de trabajo
que la teoría podía calcularse sin caer en esas divergencias al
infinito que son la pesadilla de cualquier teórico todo el mundo acabó por aceptar el Modelo Estándar y con él la solución
que proponían aquellos tres desconocidos.

Casualmente, en 1999, muchos años después de aquella tesis, a Gerard 't Hooft y a Martinus Veltman, que por entonces era su supervisor, les concedieron el Premio Nobel de Física. «Si en 1967, mientras perdía la cabeza intentando dar con la solución de unos cálculos que parecían imposibles, me hubieran dicho que aquel trabajo me haría ganar un Nobel, me habría puesto a reír», me confesó Gerard hace un par de años. Es una frase que suelo repetirles a mis alumnos cuando los veo poco concentrados en su tesis. Podría ser el trabajo más importante de toda su vida.

LA GRAN UNIFICACIÓN DE FUERZAS

La unificación electrodébil comportó otro paso decisivo hacia el sueño de cualquier físico: la gran unificación de las fuerzas fundamentales.

Es un asunto que lleva años planteándose. La primera unificación ocurrió con Galileo y Newton. El peso que atrae los cuerpos hacia el suelo y lo que mantiene unida la Luna a la Tierra, o la Tierra al Sol, en una especie de caída permanente son dos manifestaciones distintas de una única fuerza de gravedad universal. La gravedad celeste y la terrestre son la misma fuerza; esto es lo que nos dice la historia de la manzana cayendo sobre la cabeza del gran científico inglés.

Dos siglos más tarde llegó la segunda unificación, la que nos permite llamar «electromagnética» a la fuerza que transporta fotones. Desde que Faraday, Hertz, Maxwell y Lorentz demostraron que los fenómenos eléctricos producen efectos magnéticos y viceversa, todo se volvió más simple y natural; con un puñado de elegantes fórmulas se describen los fenómenos más dispares. Cuando, más tarde, se descubrió que los que propagan esta interacción son los fotones y que la luz visible no es más que una onda electromagnética particular, una perturbación del campo que se propaga a través del espacio, también la óptica pasó a formar parte de la familia.

Tras la unificación del electromagnetismo y la fuerza débil la tentación de considerar las tres interacciones fundamentales —incluyendo la fuerza nuclear fuerte— como diversas manifestaciones de una única superfuerza se hizo irresistible.

El mecanismo es simple: las tres interacciones fundamentales se caracterizan por tres números, llamados «constantes de acoplamiento», que definen la intensidad; cuanto mayor es la constante, mayor es la intensidad de la fuerza. Los valores de las tres constantes son conocidos por todo el mundo. Si por convención indicamos la constante de acoplamiento de la fuerza fuerte con un 1, la electromagnética vale 1/137, es decir, la fuerza electromagnética es cien veces más débil que la fuerte, y la fuerza débil es más o menos un millonésimo de la fuerte.

Estas divergencias iniciales se atenúan gracias a una especie de «justicia social dinámica», un mecanismo que ha sido verificado por múltiples experimentos. Los valores de las constantes de acoplamiento, es decir, la intensidad de las fuerzas, no son estáticos e inamovibles; esas constantes no son firmes, sino que dependen de la energía. Si la energía aumenta, los fuertes se vuelven más débiles y los débiles, más fuertes.

Esta extraña dinámica ha sido comprobada con colisiones de alta energía. Cuanto mayor es la energía de las colisiones, mayor es la intensidad de las manifestaciones de las fuerzas electromagnética y débil, mientras que las de la fuerza fuerte disminuyen. Este mecanismo es la base de la unificación electrodébil. En cuanto se tuvo a disposición energía suficiente como para producir W y Z, la intensidad de la interacción débil creció hasta tal punto que pudimos comprobar experimentalmente la unificación electrodébil que no había sido vista desde hacía millones de años.

El mismo mecanismo se reproduce en las colisiones del LHC. Al aumentar la energía la constante de acoplamiento fuerte se vuelve cada vez más débil, mientras que la débil crece hasta que ambos valores se acercan cada vez más. Al extrapolar esta tendencia, diversas teorías han llegado a plantear que en niveles de energía elevados las constantes de acoplamiento fuerte, débil y electromagnética podrían alcanzar un valor muy similar y la intensidad de las tres fuerzas sería prácticamente idéntica, pero estos niveles de energía no han sido alcanzados y con toda probabilidad será difícil alcanzarlos, al menos en un futuro próximo; aun así la teoría se sustenta en general.

Al realizar estas extrapolaciones se ha descubierto que la presencia de nuevas partículas, como las que plantea la supersimetría, podría hacer converger las tres interacciones en un punto bien definido donde las constantes de acoplamiento tuvieran exactamente el mismo valor; este se considera otro punto a favor de la supersimetría.

Si la gran unificación se comprobara experimentalmente tendríamos una visión más clara de la situación. Lo que vemos a nuestro alrededor son manifestaciones de baja energía de las fuerzas fundamentales, que a su vez proceden de una superfuerza que campaba imperturbable por el caliente universo primordial. En cuanto la temperatura cayó por debajo del nivel crítico la superfuerza cristalizó en formas aparentemente diferentes y así se mantuvieron hasta nuestros días. Este fenómeno es parecido a lo que sucede con el vapor de agua de las nubes invernales: dependiendo de las condiciones ambientales puede condensarse en frías gotas de lluvia o cristalizar en copos de nieve.

UN NOMBRE PARA UN SUEÑO

Pero ¿qué pasa con la gravedad? La hemos dejado apartada porque destaca entre las demás interacciones por su notoria debilidad. La constante de acoplamiento de la interacción gravitacional, con un minúsculo valor de 10^{-39}, bate todos los récords. Debido a su diminuto valor la fuerza gravitacional solo es significativa cuando se trata de cuerpos gigantescos, como el Sol, la Tierra o la Luna.

A nadie le preocupa la atracción gravitacional entre colegas que trabajan en el mismo despacho u oficina, aunque pesen unos ochenta kilos cada uno y trabajen a pocos metros el uno del otro y sepamos que los cuerpos se atraen con una fuerza inversamente proporcional al cuadrado de la distancia. A nadie le preocupa porque la constante de acoplamiento es tan pequeña que necesitaríamos instrumentos extremadamente sensibles para medir la fuerza. Si sentís una atracción hacia un colega o una colega de trabajo, no busquéis una excusa: con toda seguridad no se trata de atracción gravitacional.

Para la constante de acoplamiento gravitacional vale todo lo dicho para las demás interacciones: si la energía aumenta, aumenta la constante, pero en este caso el mecanismo de la unificación no funciona. El valor inicial de la constante es tan bajo que incluso cuando las demás interacciones han alcanzado la unificación, la gravedad se mantiene absolutamente aislada, tremendamente débil.

Esta anomalía de la gravedad será el tormento de generaciones enteras de físicos. La fuerza más común, esa que sentimos a diario, es a su vez la que se comporta de un modo más extraño, pero el deseo de unificar las cuatro fuerzas de la naturaleza, incluida la gravedad, se mantiene. Y tiene un nombre ambicioso: la Teoría del Todo. Es el sueño secreto de cualquier físico.

EXTRADIMENSIONES

La unificación de la gravedad parecía una empresa desesperada hasta que, hace unos años, un grupo de jóvenes teóricos propuso un cambio radical del punto de vista.

A grandes rasgos, el mecanismo es bastante simple: la gravedad no es débil, nos parece débil. Condicionados por nuestro sentido común, somos esclavos del prejuicio según el cual nuestro universo se desarrolla únicamente en las cuatro dimensiones ordinarias: las tres dimensiones espaciales (altura, anchura y profundidad) y el tiempo, pero si las dimensiones de nuestro universo fueran 5, o 6, o 10, es decir, si existieran extradimensiones que nosotros no percibimos, tendríamos que replantear radicalmente estas convicciones.

Así se resuelve el puzle: pensábamos que la gravedad era débil porque únicamente considerábamos su proyección en nuestro familiar mundo de cuatro dimensiones, pero si se propagara en las extradimensiones esta fuerza sería mucho más intensa de lo que puede parecer. Al considerar también las dimensiones ocultas, la constante de acoplamiento de la gravedad se vuelve normal, y al aumentar la energía podría llegar a unificarse con las demás interacciones.

Sin embargo, ¿dónde están esas dimensiones ocultas? Durante los primeros instantes de vida del universo la enorme cantidad de energía disponible permitía que estuvieran todas abiertas, pero el enfriamiento que siguió hizo que se cerraran, como si se doblaran sobre sí mismas, y se hicieran invisibles. No obstante, la anómala debilidad de la gravedad se quedó aquí como un gigantesco e incongruente detalle, sugiriéndonos que no nos conformemos con las apariencias.

Lo increíble es que, si las extradimensiones existieran, podríamos descubrirlas con los aceleradores de partículas; como el LHC, por ejemplo. Gracias a las colisiones de alta energía de protones podríamos tocar ese límite donde viven ocultas y en silencio las extradimensiones desde hace millones de años. Algunas versiones de las teorías prevén para este caso la aparición de partículas sumamente compactas, con propiedades parecidas a las del Modelo Estándar pero mucho más pesadas; o incluso nuevos estados de la materia totalmente insólitos para los cuales la fuerza de gravedad sería mucho más fuerte de lo normal. Así pues, sería posible producir un conglomerado de partículas subatómicas que estuvieran unidas no ya por la fuerza electromagnética, como los electrones en un átomo, ni por la fuerza nuclear, como los quarks en el núcleo, sino por la gravedad.

En distancias reducidas la atracción gravitacional sería tan fuerte que podría formar agujeros negros microscópicos; nada que ver con los agujeros negros cósmicos, gigantescos cuerpos celestes ubicados en el centro de muchas galaxias, tan compactos que son invisibles porque devoran incluso la luz. Los microagujeros negros resultantes serían inofensivas partículas inestables que se desintegrarían rápidamente, dejando como única prueba de su existencia un microscópico fuego de artifi-

cio formado por decenas de partículas que dejarían su huella
en los ultrasensibles detectores que rodean las zonas de interacción. Pero dado que hasta ahora ningún experimento ha
detectado ningún indicio de partículas supercompactas o microagujeros negros, solo hemos podido poner ciertos límites
superiores a las dimensiones espaciales mínimas, por debajo
de las cuales podrían esconderse las extradimensiones. A pesar de ello, el caso sigue abierto y cualquier día podría ser el
momento señalado. Si se demostrara una determinada teoría de
las extradimensiones no solo sería un gran día para la ciencia,
sino que se abriría un nuevo capítulo en la historia de la humanidad. Baste pensar en el cambio de perspectiva. Nuestra visión
del mundo cambiaría radicalmente. Pensad en las dificultades
que comportaría concebir, o siquiera imaginar, un mundo desarrollado en diez dimensiones; por no mencionar la cuestión que
se abriría a continuación: ¿qué sorpresas podrá depararnos la
exploración sistemática de este lado oculto del universo?

LA BÚSQUEDA DEL SANTO GRIAL

He aquí cómo hablando del Modelo Estándar hemos pasado a
tratar las grandes preocupaciones de la física moderna. Materia oscura, inflación, energía oscura, unificación de las fuerzas
y el papel de la gravedad plantean gigantescas cuestiones que
con toda probabilidad requerirán una nueva revolución de la
física. Antes o después encontraremos algo que sacudirá el conocimiento actual y reducirá el Modelo Estándar a un caso
particular de una teoría más general, válido únicamente para
las energías bajas; no sería la primera vez que ocurre y todos
estamos convencidos de que volverá a pasar.

Pero mientras nuevas cuestiones despuntaban en nuestro horizonte, todavía nos quedaba un gran problema por resolver: había que encontrar el bosón de Higgs, demostrar que la nueva partícula existe realmente, o encontrar una explicación para el mecanismo de la ruptura de la simetría electrodébil; aquí topamos con algunos problemas. La caza al bosón había comenzado inmediatamente, pero si el Modelo Estándar cosechaba un éxito tras otro, este punto en particular se convertía año tras año en un cúmulo de resultados negativos. Durante los años de mayor triunfo del Modelo Estándar nadie parecía capaz de dar con esta fantasmal partícula sobre la que descansaba toda la construcción teórica.

Es en este momento cuando entra en juego una joven generación de físicos que a principios de los noventa deciden aventurarse en la empresa que, hasta el momento, nadie había logrado: descubrir el maldito bosón y demostrar, de una vez por todas, que el mecanismo de Brout-Englert-Higgs no funciona y que se necesita una nueva teoría.

Para lograrlo proponían aparatos de dimensiones y características tales que al principio todo el mundo los tomaba por locos. Muchas de las tecnologías que proponían utilizar sencillamente no existían; los materiales eran excesivamente modernos, las prestaciones se consideraban «una locura».

El sueño de esta generación era lograr construir una máquina y unos detectores nunca antes vistos. No pensaban darle tregua al bosón hasta topar con él, y para ello pasarían sistemáticamente por el tamiz toda la región en la que era posible que se encontrara.

Pero su sueño secreto iba más lejos todavía; también buscaban los primeros indicios de una nueva física: las nuevas partículas que planteaba la supersimetría, o los microscópicos

agujeros negros que conjeturaban las teorías de las extradimensiones. En la nueva máquina había que estar preparado
para afrontar cualquier sorpresa; se disponían a volcar, una a
una, todas las piedras del río a fin de agarrar incluso el pececi-
to más pequeño que pudiera esconderse.

Prepararse para las sorpresas suele ser una tarea compleja;
cabía la posibilidad de que nos encontráramos con un bosón
de Higgs con características totalmente diferentes a las que
preveía el Modelo Estándar. Había que estar preparado para
registrar incluso la más diminuta anomalía, porque en ella podría esconderse el primer e inequívoco indicio de una nueva física. Podíamos toparnos con nuevas parejas, o incluso descubrir una familia entera de bosones de Higgs. Teníamos que
prepararnos para las partículas más extravagantes que la mente humana pudiera concebir: desde las más estables, capaces
de dormir en el aparato durante semanas para luego desintegrarse una vez recogidos todos los datos, hasta las invisibles,
que componen la materia oscura y que no pueden detectarse
directamente.

Esta es la historia, la aventura, del LHC.

3
¡ESTÁIS COMPLETAMENTE LOCOS!

EN OCASIONES, HASTA UN NOBEL PUEDE EQUIVOCARSE

Cafetería del CERN, una tarde de primavera de 1995

Acabo de salir de una reunión con la junta directiva del LHC. La junta se constituyó hace un par de años con el objetivo de evaluar las propuestas de experimentos para el nuevo acelerador, el Large Hadron Collider. De la junta forma parte, entre otros, un físico alemán que trabaja en el experimento OPAL del LEP (Large Electron-Positron Collider), la nueva máquina del CERN. Es muy amable y hace preguntas concretas; al contrario que los demás, no se muestra agresivo y se nota que nos apoya a nosotros, a los jóvenes físicos que nos hemos aventurado en la empresa que todos consideran imposible. Se llama Rolf Heuer y será el director del CERN cuando descubramos el bosón de Higgs.

Mientras cruzo la cafetería me encuentro con Carlo Rubbia. La cafetería es uno de los lugares más importantes del CERN. Allí se encuentra el restaurante central, uno de los tres que hay en el laboratorio y también el que siempre está más lleno; allí uno también puede tomarse un café durante las pausas o una cerveza después de la cena; en sus mesas se discute, se confrontan ideas, se buscan soluciones. Gente de todas las razas debate animadamente en una babel de lenguas. Siempre he dicho que el instrumento científico más importante de la época moderna seguramente es la servilleta; para escribir una ecuación, esbozar un detector o discutir un gráfico de Feynman se han utilizado miles de servilletas; estas son el primer arreglo donde se apuntan todas las nuevas sinfonías. Al terminar el debate se tiran a la papelera, pero si las conserváramos seguramente encontraríamos algunas de las ideas científicas más importantes de las últimas décadas.

Hace un año que Rubbia ha terminado su mandato como director general del CERN y ha retomado su frenética actividad de investigación, actividad que lo lleva de aquí para allá; como de costumbre, es un volcán de ideas e iniciativas, pero sobre todo es un hombre muy curioso. El experimento en el que estamos trabajando, el CMS, nació de una idea de Michel Della Negra y Jim Virdee, dos de sus discípulos, jóvenes que trabajaban con él en el UA1 cuando se descubrieron W y Z. Estoy seguro de que Rubbia conoce al detalle mi trabajo y sabe que nuestro proyecto se fundamenta en ideas muy innovadoras, algunas de ellas incluso revolucionarias.

Cuando, con su habitual agresividad, me dice: «¿Qué estáis tramando los jovenzuelos del CMS? ¿Por qué no pasas por mi estudio y charlamos un rato?», sé que la hora siguiente será un suplicio. Al cabo de un rato me encuentro en el estudio de un nobel ante la pizarra dibujando, explicando y respondiendo a preguntas cada vez más insistentes. Rubbia parece muy interesado, pero es evidente que hace lo posible por ponerme en jaque. Yo sudo y trato de mantener la calma; razono, me defiendo. En un momento dado se queda en silencio; durante media hora deja que prosiga sin interrumpirme, poniendo especial atención a lo que dibujo en la pizarra. «Es así —explico— como espero llegar a construir un detector de trazas que sobreviva a la radiación del LHC. Sé que muchas de estas tecnologías no están del todo maduras, pero creo que podremos lograrlo. —Y añado—: Sí, sé que el coste total es imposible de afrontar, pero tenemos algunas ideas que podrían reducirlo drásticamente... —Y luego—: Entiendo que el detector puede parecer irrealizable, pero si nos salimos con la nuestra nos permitirá reconstruir señales de electrones y muones con una precisión tal que podremos distinguir el bosón de Higgs con claridad; con este detector estoy seguro de que lo cazaremos.» Dejo el yeso en la pizarra y me giro hacia él; su expresión es de total escepticismo; es evidente que no tiene un ápice de fe en lo que acabo de contarle. Su última afirmación no deja lugar a dudas, es totalmente tajante: «No funcionará. Fracasaréis estrepitosamente».

Cuando salgo de la habitación, tengo bien claro en qué voy a concentrar mis esfuerzos durante los próximos años: demostraré que es posible construir los detectores de trazas para el LHC, es decir, instrumentos que midan las trayectorias de las partículas; y que, en ocasiones, hasta un nobel puede equivocarse.

EMPIEZA LA GRAN CACERÍA

La cacería al bosón de Higgs no empezó inmediatamente después de que se planteara su existencia. Al principio no estaba del todo claro qué papel podía jugar la partícula en la nueva teoría, pero a mediados de los setenta, cuando el Modelo Estándar fue definitivamente aceptado por toda la comunidad científica, dio comienzo una búsqueda sistemática, un intento de verificación de todas sus previsiones, incluida la presencia de este bosón tan especial.

El artículo que atrajo la atención de los físicos experimentales fue publicado en 1975; es curioso volver a leer hoy en día, después de años de cacería, las conclusiones de aquel primer estudio de los teóricos John Ellis y Dimitri Nanopoulos. Tras describir las características de la nueva partícula y sus posibles formas de desintegración ambos concluyen: «Pedimos disculpas a los físicos experimentales por no saber nada acerca de la masa del bosón de Higgs, ni de sus acoplamientos con otras partículas, excepto que probablemente sean muy pequeños. Por estos motivos no queremos alentar a realizar grandes investigaciones, pero sentimos la obligación de informar a quienes realizarán experimentos potencialmente sensibles a la presencia del bosón de Higgs sobre la forma en que es posible que esta partícula aparezca en sus datos».

Así pues, nadie podía imaginar que después de aquellas palabras tan prudentes se desataría la más larga y costosa cacería a una partícula de la historia de la física.

El Modelo Estándar le asigna un papel determinado al bosón de Higgs y especifica todas sus características; excepto una, la más importante para quien se apresta a buscarla: la masa. En la teoría es un parámetro libre, lo cual equivale a decir que uno podría estar cazando algo tan liviano como una mariposa o pesado como un elefante. De la masa dependen otras muchas propiedades de la fantasmal partícula, sobre todo los mecanismos que permiten producirla y la probabilidad de lograrlo; también la fracción de tiempo de existencia del bosón y, finalmente, cómo se desintegra, descomponiéndose en otras partículas.

Llegados a este punto cabe recordar que, en la naturaleza, las partículas libres estables —como el fotón, el electrón y el protón— son minoría. Hay otro pequeño grupo de partículas, como los neutrones y los muones, que a pesar de no ser estables viven lo suficiente como para dejar huellas en el detector, pero la gran mayoría está formada por partículas inestables, es decir, que se desintegran rápidamente en otras partículas; y el bosón de Higgs es una de ellas. Así pues, es inútil intentar detectarlo directamente, observarlo a través de las «huellas» que deje en los instrumentos de medición. Su presencia se deduce gracias al registro y el estudio de los productos de su desintegración, y la masa es el parámetro decisivo para establecer qué otras partículas generará. El espectro de posibilidades es enorme, una verdadera pesadilla para quien pretenda darle caza; sería como explorar el océano Pacífico buscando nuevas especies animales, sin saber si se trata de minúsculos insectos que viven escondidos en la vegetación de las islas o grandes habitantes del abismo marino.

Esta situación es completamente diferente con las partículas W y Z. Cuando Rubbia decidió modificar el acelerador más potente de su época para alcanzar su objetivo, este era mucho más claro: explorar con sumo cuidado la región de masa donde podían hallarse W y Z. La teoría electrodébil afirmaba con convicción que la masa era de unos 80-90 GeV* —casi cien veces mayor que la de un átomo de hidrógeno—, y todas las formas de desintegración de esta partícula estaban bien definidas. Así pues, solo hacía falta construir un acelerador lo bastante

---

*El GeV (gigaelectronvoltio, es decir, 10^9 eV) es una unidad de medida para la energía y la masa (que son equivalentes de acuerdo con la célebre ecuación de Einstein $E=mc^2$) muy usada en física de partículas. Para energías más altas también se emplea el TeV: 1000 GeV (10^{12} eV).

potente y concentrar toda la atención en los valores adecuados de energía.

En cambio, la búsqueda del Higgs es mucho más complicada e incierta. Ante todo, no es seguro que exista. El Modelo Estándar necesita que algún mecanismo rompa la simetría que existe entre la interacción débil y la electromagnética, pero dicho mecanismo no tiene por qué ser el que describieron Brout, Englert y Higgs. Otros físicos han propuesto modelos alternativos y no menos elegantes, pero no sería la primera vez que la naturaleza sigue caminos distintos a los que nosotros imaginamos. Además, aunque fuera realmente él quien domina este mecanismo tan importante, en teoría nada impide que el Higgs sea tan ligero como un electrón o diez veces más pesado que los compactos W y Z. El espectro de posibilidades por explorar es enorme.

Si el Higgs fuera ligero, sus efectos indirectos deberían encontrarse en miles de procesos ya estudiados y para producirlo no sería necesario un gran acelerador; si, por el contrario, fuera muy pesado, no habría otra forma de encontrarlo que mediante un acelerador bastante potente.

El principio de la cacería se desarrolla un poco con sordina, pero rápidamente los acontecimientos adquieren un ritmo frenético, a partir de una falsa alarma.

Es el verano de 1984, pocos meses después del descubrimiento de W y Z, y en el DESY, un laboratorio cerca de Hamburgo, en Alemania, se acaba de poner en marcha DORIS, un colisionador de electrones y positrones. Los detectores han ido registrando algo muy extraño desde los primeros meses: cerca de 8,33 GeV hay una aglomeración de eventos particulares, propios de «algo neutro y estable» que se desintegra con una frecuencia inexplicable. La excitación es enorme, parece una señal inequívoca: todo invita a pensar que acaba de hacer su aparición el bosón de Higgs.

El descubrimiento se anuncia en la sede más prestigiosa, la Conferencia Internacional de Física de Altas Energías que tiene lugar en Leipzig, Alemania. La noticia es una bomba e inmediatamente desencadena reacciones y debates acalorados. La cuestión se zanja en cuanto otros grupos se dedican a buscar las mismas señales: nadie los ve. Los mismos físicos de DORIS, después de recoger nuevos datos, acaban por admitir que la señal no ha vuelto a presentarse; nadie sabrá jamás si se trató de un error o de una maligna fluctuación estadística.

Otras muchas alarmas falsas jalonaron la cacería al bosón de Higgs durante las siguientes décadas, pero este primer episodio tan controvertido se lleva el mérito de haber puesto en el centro de atención la importancia del descubrimiento; a partir de ese momento, todos los nuevos experimentos dedicarán gran parte de su atención a la búsqueda del Higgs.

LOS SEÑORES DE LOS ANILLOS

Para descubrir nuevas partículas es necesario un acelerador de partículas capaz de producirlas; es decir, capaz de generar colisiones en las cuales se produzca una energía superior a la masa de partículas que se quiere crear. Es una aplicación de la famosa relación de equivalencia entre masa y energía, enunciada por Einstein. Cuando un haz de partículas colisiona con otro, la energía de la colisión puede transformarse en masa: cuanto mayor es la energía del choque, más compactas son las partículas que pueden producirse y más nos acercamos a comprender los primeros instantes de vida del universo que siguieron al Big Bang; de ahí que cada día se quieran construir máquinas más potentes.

Como partículas para colisionar se utilizan las más comunes entre todas las que tienen carga eléctrica: electrones, protones y, en ocasiones, sus antipartículas (positrones y antiprotones). La carga es indispensable porque se aprovechan las leyes del electromagnetismo para acelerarlas y tenerlas en órbita. Unos fortísimos campos eléctricos producen la aceleración necesaria para aumentar su energía, mientras elevados campos magnéticos doblan la trayectoria de las partículas aceleradas, haciendo que recorran órbitas circulares.

Una primera familia de aceleradores utiliza electrones y positrones, que son partículas puntiformes; cuando colisionan frontalmente se aniquilan, desaparecen por completo, y toda su energía se transforma en otras partículas. Desde el punto de vista experimental la situación es muy clara, los eventos son simples, las nuevas partículas se pueden producir y estudiar en situaciones prácticamente idénticas al caso ideal. La desventaja de las máquinas basadas en electrones y positrones es que no permiten alcanzar energías demasiado elevadas. De hecho, estas partículas son ligeras, y cuando se mueven en órbitas circulares pierden una parte significativa de su energía por irradiación, emitiendo una especie de luz que recibe el nombre de luz de sincrotrón.

Este inconveniente no existe en los aceleradores que usan protones (o antiprotones); al ser mucho más pesados que los electrones, los protones son mucho menos propensos a irradiar luz de sincrotrón, lo cual permite que se puedan acelerar a energías mucho mayores. Pero al contrario que el electrón el protón no es puntiforme, sino que lo componen una compleja estructura de quarks y gluones; ello implica que sus colisiones son mucho más complicadas.

El protón se compone sobre todo de vacío; si pudiésemos agrandar uno hasta llenar una habitación, la zona donde encontraríamos materia ocuparía una diminuta fracción del volumen total. Los quarks que lo constituyen y los gluones que se intercambian entre sí gracias a la interacción fuerte que los mantiene unidos tendrían las dimensiones de minúsculos objetos de pocos milímetros de diámetro. Así pues, no hay que sorprenderse de que en la mayoría de los casos cuando dos protones chocan no suceda nada especialmente interesante; la mayor parte de las veces la colisión es periférica: ambos protones interactúan entre sí a distancia y salen de la colisión intactos, únicamente un poco desviados de su trayectoria. Solo cuando la colisión es un choque frontal, el protón se hace añicos y una parte de la energía se transforma en una nueva partícula. En los extrañísimos casos en los que un choque frontal afecta a las partes donde se concentra la materia de los quarks y los gluones se tiene a disposición la máxima cantidad de energía, y es durante estos insólitos casos cuando se producen las partículas más compactas, incluyendo, si cabe, esas nunca antes observadas. Pero ya que solo una mínima parte del protón participa en la colisión frontal entre quarks o gluones, la energía máxima que puede utilizarse para producir una nueva partícula no es más que una parte de la energía total del protón acelerado.

La experiencia de las últimas décadas nos dice que las dos familias principales de aceleradores son, en algunos aspectos, complementarias. Las máquinas de electrones son los instrumentos ideales para estudios de precisión, mientras que las de protones son los aceleradores de los descubrimientos por antonomasia, el ariete que explora las fronteras de la energía a la caza de nuevas partículas.

En ambos casos la energía es el parámetro fundamental. En primer lugar porque por debajo de un determinado umbral es imposible producir las partículas que se están buscando; por otro lado, la probabilidad de producirlas aumenta cuando aumenta la energía: cuanto mayor es la energía más partículas de una determinada masa pueden producirse. Y si podemos generar un elevado número de partículas, podremos seleccionar las formas de desintegración más claras, las características que conducen a las señales más evidentes y quizá descubrir antes que otros algo fundamental para la comprensión del universo.

Alta energía significa que las partículas pueden mantenerse rodando en una trayectoria circular solo si se utilizan campos magnéticos muy fuertes, es decir, muy caros. El límite lo pone el desarrollo actual de la tecnología. El mayor campo magnético que se pueda obtener definirá el radio de curvatura mínimo con el que poder trabajar; y así es como se llega a los modernos y gigantescos aceleradores.

Por otro lado, el número de partículas que produce el acelerador varía en función del número de colisiones al segundo que es capaz de producir para ese proceso en particular; es lo que en léxico técnico se llama «luminosidad» del acelerador. La elección de estos dos parámetros fundamentales, energía y luminosidad de la máquina, es la más importante, ya que puede determinar el éxito o fracaso de una gran empresa científica.

Ser demasiado prudente al definir las características de un nuevo acelerador implica reducir los gastos, pero es posible que la aventura sea un absoluto fracaso; se corre el riesgo de quedarse por debajo del umbral de producción de las nuevas partículas que se buscan; o quizá se logra producirlas, pero no las suficientes como para dejar señales claras. Entretanto, alguien podría construir una máquina más potente o con mayor luminosidad y realizar antes el descubrimiento. Entonces, nadie se acordaría de los recursos que ahorraste, todos recordarían siempre que tu elección resultó ser una apuesta perdedora. Pero también es cierto lo contrario. Si se opta por una elección más agresiva, si las tecnologías propuestas son excesivamente arriesgadas, se corre el riesgo de fracasar, o porque no se consigue que la máquina funcione, o porque no podemos hacer frente a los gastos.

Sobre este finísimo filo, cortante como una cuchilla, tienen que desarrollar sus propuestas los físicos de partículas y, en ocasiones, se juegan su carrera. La física de altas energías es un ambiente ferozmente competitivo, donde el objetivo de los científicos de alcanzar la primacía del conocimiento se entrelaza con la ambición de los países que quieren conservar o conquistar el liderazgo en algún sector puntero de la tecnología. Sobre este terreno de juego tan resbaladizo la diferencia entre un gran éxito científico y un fracaso estrepitoso puede depender de un detalle.

DE WAXAHACHIE AL LHC: UNA COMPETICIÓN DESPIADADA

Estados Unidos ha liderado la física de altas energías durante gran parte del siglo XX. Como mínimo desde 1930, cuando a sus veintinueve años el profesor de Berkeley Ernest Lawrence halló el modo de hacer más compactos y eficientes los aceleradores de partículas al inventar el ciclotrón, el primero de forma circular. El resto se debió a las grandes inversiones y el éxito del Proyecto Manhattan. A partir de entonces los gobiernos estadounidenses se han ocupado de asegurar un soporte para proyectos cada vez más ambiciosos, con la esperanza de que al desvelar los secretos de la materia se consiguiera el acceso a nuevas y extraordinarias formas de energía. Durante décadas obtuvieron una larga serie de éxitos, lo cual determinó su liderazgo a nivel mundial; si querías participar en las investigaciones punteras de la física de altas energías tenías que comprar un billete y entrar en un laboratorio estadounidense.

En Estados Unidos nadie consideró que el nacimiento del CERN en 1954 supusiera ningún desafío. A fin de cuentas, también en Rusia habían inaugurado pocos años antes un acelerador en Dubná, cerca de Moscú, que no había conseguido nada relevante. El liderazgo de Estados Unidos estaba demasiado afianzado como para pensar que el nuevo laboratorio europeo podría de alguna forma arrebatárselo; y en efecto, durante sus primeros años de vida, el CERN construyó aceleradores óptimos y consiguió buenas mediciones, pero no obtuvo ningún resultado de trascendencia histórica.

El descubrimiento de W y Z por parte de Rubbia supuso una conmoción para Estados Unidos. Los científicos americanos lo habían planeado todo al detalle para que este descubrimiento no se les escapara, así como el Premio Nobel que seguramente lo acompañaría. En 1974 habían propuesto la construcción de un nuevo acelerador en Brookhaven, en las afueras de Nueva York; también habían escogido un bonito acrónimo: se llamaría ISABELLE, bella ISA (Intersecting Storage Accelerator).

La nueva máquina era un acelerador en círculo de protones de hasta 400 GeV de energía en el centro de masa de las colisiones, más que suficiente para producir e identificar los tan buscados portadores de la interacción débil. La construcción comenzó en 1978, pero rápidamente surgieron problemas por la elección de un proyecto que resultó ser demasiado arriesgado y de consecuencias desastrosas.

Al definir las especificaciones los físicos del ISABELLE propusieron la utilización de imanes superconductores. La superconductividad es una propiedad muy especial de algunos materiales no resistentes a la corriente. De este modo se evitan los inconvenientes de los conductores normales y se pueden producir corrientes muy elevadas con una dispersión mínima. Las corrientes elevadas son el principal ingrediente en la construcción de fuertes campos magnéticos, necesarios para mantener en órbita los protones de alta energía, pero la superconductividad no es fácil de gestionar. Ante todo porque en estos materiales la resistencia se anula únicamente a temperaturas próximas al cero absoluto: los filamentos superconductores tienen que estar inmersos en la sustancia más fría de que disponemos, es decir, el helio líquido, a temperaturas que rondan los −269°C. En segundo lugar porque estos materiales tienden a perder la superconductividad en presencia de campos magnéticos intensos y corrientes elevadas, justo las condiciones requeridas para el acelerador. Estos inconvenientes solo pueden superarse gracias a tecnologías de producción y control de gran calidad.

Al principio, ISABELLE parecía un proyecto sólido y bien planteado. El primer imán superconductor con especificaciones aptas para el nuevo acelerador fue construido en 1975 y superó todas las pruebas sin problemas. El acelerador se aprobó y financió oficialmente en calidad de iniciativa de importancia estratégica para Estados Unidos. El 27 de octubre de 1978, un golpe de pico en el suelo señala el principio de la construcción y todo parece ir perfecto, pero en enero de 1979 llega a Westinghouse el primer imán realizado por la empresa que va a encargarse de la producción industrial; y falla en todas las pruebas. Llega el segundo y ocurre exactamente lo mismo. Los físicos del proyecto y los ingenieros de Westinghouse empiezan a echarse la culpa los unos a los otros. Mientras tanto, el nuevo acelerador acumula años de retraso, y al CERN se le brinda la oportunidad que Carlo Rubbia sabrá aprovechar muy bien. En un momento dado queda claro que el tiempo del ISABELLE ha pasado, y el proyecto se abandona definitivamente. En julio de 1983, unos meses después de que Rubbia haya anunciado el descubrimiento de W y Z, y tras haber invertido 200 millones de dólares, Estados Unidos anuncia la cancelación del ISABELLE.

La conmoción de 1983 explica muchos de los siguientes movimientos del gobierno y los físicos estadounidenses en lo que ya es una verdadera carrera por la supremacía en el campo de la física de altas energías a escala mundial. Por primera vez, el CERN, competidor directo de los «maestros» americanos, demuestra que puede hacerlo mejor. Urge reaccionar.

Inmediatamente se destinan los mejores recursos al Fermilab, cerca de Chicago, que ha demostrado su dominio en la tecnología de imanes superconductores y ha puesto en funcionamiento el Tevatrón, un acelerador de protones y antiprotones parecido al que condujo a Rubbia a su descubrimiento, pero capaz de alcanzar niveles de energía cuatro veces mayores. Rápidamente se piensa en un nuevo proyecto que pueda reafirmar de una vez por todas la supremacía americana y haga desvanecer las ambiciones europeas.

El mismo año que se cierra el ISABELLE y bajo la dirección de Leon Lederman, ahora director del Fermilab, nace la idea de construir un acelerador gigantesco. El Superconducting Super Collider (SSC) es un gigante de 87 kilómetros de circunferencia donde los protones son acelerados incluso a 40 TeV de energía, cien veces más que la prevista para el ISABELLE, y desviados gracias a 8.700 imanes superconductores, parecidos a los mil que ya se habían desarrollado con éxito para el Tevatrón. Iba a ser la máquina más grande y potente del mundo; gracias a ella descubrirían el bosón de Higgs y revelarían los secretos más íntimos de la materia; y, sobre todo, restablecerían la supremacía de Estados Unidos en el campo de la física de altas energías.

El desarrollo de la tecnología necesaria habría llevado a los superconductores a entrar prepotentemente en el campo de los nuevos métodos de distribución de la potencia eléctrica; los nuevos medios necesarios para gestionar los datos generados reafirmarían la hegemonía de Estados Unidos en el campo de la computación de alto rendimiento.

Son los años de Reagan, el presidente que propuso un liderazgo estadounidense más musculoso y agresivo. La idea del superacelerador, capaz de destruir las aspiraciones de supremacía de los europeos y restituirle el liderazgo a Estados Unidos, es muy cautivadora. La sede se ubicará en una zona semidesértica de Texas, en los alrededores de Dallas, cerca de una localidad de nombre impronunciable, Waxahachie (que significa «rabo de vaca» en la lengua de los nativos que poblaron esa llanura un siglo antes). Los 4.400 millones de dólares de presupuesto son una cifra elevada, pero aceptable para un país rico en recursos como Estados Unidos. Al fin y al cabo, durante aquellos años la NASA contribuye con una cifra similar a la Estación Espacial Internacional, un proyecto colaborativo espacial donde la bandera de barras y estrellas no es la única que ondea.

El proyecto del SSC es aprobado en 1987 e inmediatamente empieza a recibir financiación. Docenas de físicos expertos y cientos de jóvenes brillantes con su doctorado fresco se tras-

ladan con sus familias a los campos de algodón al sur de Dallas, donde se están construyendo los primeros edificios, mientras a varios metros bajo tierra enormes topos mecánicos
empiezan a excavar el túnel.

Entretanto el CERN, impulsado por el entusiasmo que ha
traído el descubrimiento de W y Z, se lanza hacia un nuevo y
ambicioso proyecto: el LEP, un gran acelerador de electrones
dedicado a estudiar con precisión a los recientes Z y W. Para
producir millones de Z al año es necesario acelerar electrones y
positrones a una energía de 45 GeV por haz, y solo hay una forma de limitar las pérdidas debidas a la luz de sincrotrón: aumentar todo lo posible el radio de curvatura. El resultado es un
enorme acelerador de 27 kilómetros de circunferencia que empieza excavarse a cien metros bajo tierra durante el mágico año
de 1983, cuando Rubbia anuncia el descubrimiento y Estados
Unidos cancela el ISABELLE y Lederman propone el SSC.

El objetivo principal de esta nueva máquina es medir todas las características de los bosones portadores de la interacción débil, en particular su masa y sus propiedades, para
poder compararlas con las previsiones del Modelo Estándar.
Se estima elevar la energía de los haces hasta 80 GeV para
producir parejas de W, e incluso ir más allá, en busca de supersimetría o del bosón de Higgs, pero ya se tiene en mente
cuál será el próximo paso: en un futuro, el mismo túnel podría acoger un enorme acelerador de protones. Si la tecnología llegara a permitir construir imanes superconductores dos
veces más potentes que los del Tevatrón se podría llegar a colisiones de 14 TeV.

Las excavaciones del LEP no tardan en iniciarse. La dirección del proyecto se entrega a Emilio Picasso, un físico italiano. Todo marcha a la perfección mientras las excavaciones

avanzan por la extensa llanura aluvial de Ginebra, estratos de sedimentos estables formados por guijarros de las morrenas o molasa compacta producida por los grandes glaciares del Jura, que llegaban hasta el mar cuando los Alpes no eran más que un insignificante relieve oceánico, pero cuando llega el momento de excavar bajo la montaña surgen los problemas. El Jura es un laberinto de manantiales de agua a presiones altísimas, auténticos ríos subterráneos que pueden alcanzar las 40 atmósferas. Se revisan los planos a fin de reducir al mínimo el tramo del túnel que pasa bajo la montaña; los ocho kilómetros inicialmente previstos se reducen a tres y se busca la manera de seguir un recorrido que se aparte de las faldas acuíferas conocidas, pero no hay forma de evitarlas por completo. Bajo la montaña, el túnel es excavado a base de explosivos, y en un momento dado nos encontramos de frente con la pesadilla que los ingenieros habían querido evitar a toda costa: un manantial de agua a presión elevada que no aparecía en los mapas geológicos invade toda la galería. Faltan unos pocos cientos de metros para completar el túnel, pero las obras se ralentizan mientras se busca una solución. Ese tramo del acelerador, el sector 3-4, es el mismo que dejará fuera de combate durante 2008 al LHC debido a una avería.

A pesar de las dificultades, el proyecto se termina dentro de los tiempos previstos y la enorme infraestructura es inaugurada el 14 de julio de 1989 por el presidente de la República François Miterrand. La elección de la fecha no es casual: el gran anillo, orgullo de la tecnología europea, casa bien con las celebraciones del bicentenario de la Revolución francesa, llenas de *grandeur*.

Mientras el LEP se pone en marcha y empieza a producir los primeros resultados, el mismísimo Carlo Rubbia, que acaba de ser elegido director general del CERN, vuelve a desafiar a Estados Unidos, que acaba de aprobar el SSC. Corre el año 1990 cuando anuncia al mundo que en el nuevo anillo del LEP, donde ahora circulan electrones y positrones, también circularán protones, para construir el Large Hadron Collider, el LHC, la alternativa europea al SSC.

La energía del nuevo acelerador del CERN es limitada debido a las dimensiones del anillo; es impensable que en una circunferencia de 27 kilómetros, aun utilizando los imanes superconductores más modernos concebibles y por desarrollar, se puedan alcanzar niveles de energía que compitan con los 40 TeV del SSC. Los 14 TeV del LHC implican que la producción de partículas compactas como el bosón de Higgs será menor, lo que equivale a menos posibilidades de ganar la carrera contra los americanos, pero lo que se pierde en energía se puede ganar en luminosidad. Rubbia decide que el LHC tendrá una luminosidad diez veces superior a la del SSC, pero una elevada luminosidad significa haces de altísima intensidad, un número de partículas casi imposible de gestionar y la posibilidad de que los detectores acaben «fritos» por la radiación. Se trata de tecnologías tan avanzadas que su realización parece imposible; cosas que solo concebirían un atajo de locos.

Físicos y expertos en la máquina se ponen manos a la obra para preparar el proyecto con detalle. Rubbia llama a otro italiano para que se encargue de la dirección: Giorgio Brianti, uno de los mayores expertos en aceleradores e imanes. La elección no podía ser más acertada. Brianti propone una solución absolutamente innovadora que permitirá un increíble ahorro. En lugar de construir dos líneas de haces independientes para los dos haces de protones que viajan en sentido contrario, propone recoger en el mismo imán los dos tubos de vacío separados por donde circulan los haces. Es una jugada brillante que reduce a la mitad el número de imanes necesarios para la máquina.

Así, el LHC, que ya aprovecha el túnel y las infraestructuras del LEP, contará con generosos ahorros también en lo que a imanes respecta. Se tendrán que construir 1.250 imanes dipolares, en vez de los 2.500 que se habrían necesitado si se hubiera seguido el diseño original. En poco tiempo el LHC sería capaz de producir los mismos resultados que el SSC aunque con un coste menor. Muchos piensan que no es más que un farol, pero el desafío ha sido lanzado.

El 6 de agosto de 1992, en Dallas, hace un calor asfixiante. La XXVI Conferencia de física de altas energías se ha convocado precisamente aquí para celebrar la nueva y ambiciosa iniciativa científica americana. Miles de físicos de todas partes del mundo se han reunido en el lugar donde Estados Unidos, simbólicamente, se dispone a reafirmar su hegemonía. Nos llevan a Waxahachie con objeto de que veamos las innovadoras cadenas de pruebas de los primeros imanes que cumplen con las especificaciones. Visitamos los grandes edificios recién construidos y atestados de gente. Nos ponemos el casco y bajamos a los enormes pozos que dan acceso al túnel; ya han excavado varios kilómetros y todo se ve limpio y perfecto. Todo está listo para que empiece la fiesta.

Cuando Rubbia toma la palabra la sala de conferencias se sume en un silencio sepulcral. Carlo se ensaña con el auditorio mediante ráfagas de diapositivas. La conclusión es tajante: el LHC estará listo en 1998, será capaz de hacer la misma física que el SSC, pero costará la mitad.

Los americanos, que han sido siempre los primeros de la clase, no están acostumbrados a sentir en la nuca el aliento de unos europeos tan agresivos, casi insolentes, y son incapaces de disimular su irritación. Por otro lado, todo el mundo sabe que Rubbia se está marcando un farol: los costes del LHC no serán tan reducidos y, sobre todo, será imposible construir los imanes en los tiempos indicados, pero el desafío ha sido lanzado y el auditorio sabe que, de ahora en adelante, la cosa va a ponerse difícil.

Mientras en Europa un grupo de jóvenes aventureros se pone a dibujar y desarrollar unos detectores imposibles para el LHC, en Estados Unidos el SSC, apremiado por la iniciativa del CERN, empieza a toparse con serias dificultades, sobre todo de presupuesto.

Ya en 1989 una primera revisión de los costes había incrementado las primeras estimaciones, alcanzando los 5.900 millones de dólares. Más tarde, para asegurar una mayor facilidad en la gestión de las operaciones, un comité de expertos propuso una modificación de los imanes del proyecto, cuya apertura tendría que ser aumentada de 4 a 5 centímetros. Podría parecer un detalle insignificante, pero con una mayor apertura se reduce el campo magnético y el impacto sobre los costes totales es notable: o se construyen más imanes o se alarga el túnel. El resultado: en 1991 se estimaba que el coste del proyecto alcanzaba los 8.600 millones de dólares. Cuando la enésima revisión aumentó el coste total a 11.500 millones de dólares todo el mundo advirtió que aquella era la gota que colmaba el vaso; sobrevino el desastre. El 27 de octubre de 1993, diez años después de la cancelación del ISABELLE, un año después del desafío lanzado por Carlo Rubbia en Dallas, el Congreso de Estados Unidos cancela definitivamente el SSC con una mayoría aplastante de 283 votos contra 143. Han sido excavados 23 kilómetros bajo tierra y se han invertido 2.000 millones en un túnel que durante años constituirá el mudo testimonio de uno de los mayores fracasos científicos del siglo. En pocas semanas despiden a mil quinientos físicos, ingenieros y técnicos que trabajaban en el proyecto, en algunos casos desde hacía años.

La comunidad científica internacional está conmocionada. Es un golpe tremendo para los físicos de altas energías de Estados Unidos; es posible que no se recuperen jamás de la catástrofe.

Ironías del destino, el mismo año de la cancelación del SSC, Leon Lederman, uno de los padres del proyecto, publicará su libro más célebre, el mismo que convertirá la cacería al bosón de Higgs en un argumento de interés general: *La partícula divina: si el universo es la respuesta, ¿cuál es la pregunta?*

LOS DETECTORES IMPOSIBLES

Han pasado más de veinte años desde que, a principios de los noventa, nos reuníamos en el CERN en pequeños grupos para discutir sobre el LHC, el nuevo acelerador que se estaba proyectando. Recuerdo como si fuera ayer los acalorados debates alrededor de los dibujos conceptuales de los gigantescos detectores, esbozados a bolígrafo sobre las servilletas de papel de la cafetería del CERN.

Fueron años de apasionados debates, increíbles entusiasmos y terribles decepciones; hubo también conflictos, a menudo ásperos, con gran parte de nuestros colegas, que nos tenían por locos: la tecnología que proponíamos era demasiado arriesgada, y el ambiente de elevadísimas luminosidades del LHC era demasiado hostil. Nuestros colegas más expertos nos miraban con aires de suficiencia, como diciendo: «Que tengáis suerte, pero no lo lograréis nunca». Otros enarcaban las cejas ante esta nueva generación de físicos cuarentones que soñaba con triunfar allí donde todos los demás habían fracasado: descubrir el bosón de Higgs.

El sueño de aquel reducido grupo de pioneros hoy se ha hecho realidad y, como suele ocurrir, ahora parece una historia repleta de éxitos y gloria. En realidad, ha sido una aventura arriesgada y dificilísima, siempre a medio camino entre el éxito apabullante y el riesgo de fracasar.

Un detector moderno de partículas es una especie de cámara fotográfica digital enorme. Su funcionamiento es simple: en cada acelerador hay una o más zonas especiales, llamadas «zonas de interacción», donde los haces se entrecruzan, se concentran en dimensiones infinitésimas y dan lugar a las colisiones; para registrar y comprender qué ocurre durante los choques se usan sistemas de detectores, complejos aparatos basados en sensores muy sensibles y capaces de registrar hasta la más mínima liberación de energía por parte de las partículas que salen de la zona de interacción.

En el acelerador los protones viajan agrupados en paquetes sumamente densos. Cada paquete contiene alrededor de 100 millardos de protones que en cuanto alcanzan la zona de interacción se concentran en una región filiforme de unos 0,01 milímetros de diámetro y 10 centímetros de largo. El intervalo de tiempo que separa dos paquetes contiguos es de 25 nanosegundos (es decir, millardésimos de segundo) y el LHC puede contener hasta un máximo de 2.800 paquetes. En otras palabras, las colisiones del LHC son pulsadas, ocurren en intervalos de tiempo muy concretos, regulados por un circuito de sincronización muy preciso. Los sensores que rodean la zona de interacción reciben una señal que anuncia la llegada del paquete de protones y preparan el circuito de lectura para que pueda registrar lo que ocurre alrededor de la zona de interacción durante la colisión.

Todo tiene que ocurrir muy rápidamente, porque enseguida llega otro paquete de protones y los detectores deben estar listos para registrar el evento siguiente. El mecanismo es parecido a lo que ocurre en las cámaras digitales actuales. Se reconstruye una imagen de la colisión utilizando los casi 100 millones de píxeles que constituyen los sensores individuales distribuidos por todo el detector y se registra todo en un disco para poder examinar luego las imágenes, con calma, offline.

Cada imagen ocupa un megabyte, más o menos lo mismo que una fotografía digital; lo asombroso es la velocidad a la que ocurre. Los detectores del LHC toman fotografías digitales al apabullante ritmo de 40 millones de imágenes por segundo. Si se tuvieran que conservar todas las imágenes, la cantidad de datos sería desmesurada; ningún sistema podría gestionar un flujo de información de unos 40 petabyte por segundo; y aunque pudiera hacerlo no sabríamos donde almacenarla: si la grabáramos en discos DVD de 10 gigabyte de memoria necesitaríamos 4.000 discos por segundo y muy pronto no sabríamos dónde ponerlos. En un año de recolección de datos los discos serían más de 40 millardos y puestos uno encima del otro alcanzarían los 40.000 kilómetros de altura.

Para resolver este problema se han incorporado a los detectores miles de microprocesadores conectados entre sí; de este modo, mientras se registran localmente las señales emitidas por la colisión, los microprocesadores reconstruyen la información global y elaboran rápidamente una hipótesis acerca del tipo de colisión que se ha producido. Como hemos podido observar anteriormente, la gran mayoría de veces las colisiones entre protones producen partículas ligeras y fenómenos físicos bien conocidos, que son inmediatamente descartados. La atención se concentra en eventos potencialmente interesantes, que son mucho más raros. El circuito que efectúa esta selección se llama «circuito que aprieta el gatillo» o «circuito de trigger», y en millonésimas de segundo decide qué eventos registra y cuáles descarta; de los 40 millones de eventos al segundo se guardarán apenas mil. Así la cantidad de información se podrá gestionar con mayor facilidad, a pesar de requerir el desarrollo de una nueva estructura informática basada en la computación distribuida.

El tamaño de los aparatos experimentales también es impresionante. Las colisiones a niveles de energía elevados implican la producción de partículas que se desintegran generando chorros de otras partículas muy penetrantes. Algunas son absorbidas solo después de que hayan recorrido metros del material que compone los sensores; otras escapan incluso a los materiales más compactos y solo podemos medir sus características reconstruyendo en parte su trayectoria. Por ello, los aparatos que permiten la física del LHC son construcciones enormes, tan altas como un edificio de cinco plantas y tan pesadas como un crucero.

Por si esto fuera poco, los sensores tienen que ser ultrarrápidos. Dado que las colisiones se encadenan a un ritmo frenético, solo pueden emplearse los detectores más rápidos, esos que en una fracción de segundo son capaces de registrar hasta la más mínima señal y están inmediatamente preparados para el evento siguiente.

En suma, dado que la mayor apuesta del LHC es su alta luminosidad, el número de partículas que se producirá a cada segundo en la zona de interacción será muy elevado. Así pues, todo lo que haya alrededor de esta zona —sensores, electró-

nica, estructuras de soporte, cables y fibra para las señales—
tendrá que ser resistente a unos niveles de radiación nunca
vistos. De lo contrario, al cabo de pocos meses, quizá años,
de actividad, los delicados instrumentos dejarían de funcionar para siempre, y todo el dinero invertido se perdería.

Estructuras gigantescas que pesan miles de toneladas y contienen millones de sensores ultrarrápidos, muy resistentes a la
radiación y lo bastante inteligentes como para ser capaces de
evaluar en milésimas de segundo si el evento que acaba de registrar se ha de conservar o descartar: ahora se comprende que
todo el mundo, cuando proponíamos la construcción de los
detectores del LHC, nos tomara por locos. Todos sabíamos
que no iba a ser coser y cantar.

4

ENTUSIASMO, MIEDO Y GRANDES DECEPCIONES

LAS SALCHICHAS Y EL AGUJERO NEGRO

Ginebra, 9 de septiembre de 2008, 21.30

Quedan pocas horas para que el LHC se ponga en marcha y está ocurriendo algo extraordinario, algo totalmente nuevo en la historia de la física: la atención de todo el mundo está concentrada en lo que pasará mañana en Ginebra. Decenas de equipos de televisión y cientos de periodistas han acudido al CERN y nos persiguen por la cafetería o los pasillos para entrevistarnos o arrancarnos un comentario.

Todo empezó hace un par de semanas, aunque al principio nadie prestó demasiada atención. Muchos de nosotros empezamos a recibir correos electrónicos del tipo: «¡Detened el experimento! Corréis el riesgo de acabar con vuestras vidas y la de todos los habitantes del planeta, que son seres vivos menos arrogantes y presuntuosos que vosotros, científicos-Frankenstein de Ginebra».

Entre los cientos de correos que se reciben todos los días siempre hay alguno extraño. Normalmente, basta con borrarlos y todo acaba ahí. Pero esta vez parecía que la cosa iba en serio;

conforme pasaban los días, los correos se multiplicaban. Después se descubrió que circulaban por la red peticiones y noticias alarmantes. En particular, se hizo viral un vídeo donde se muestra cómo la Tierra es engullida en pocos instantes por un agujero negro creado en el LHC. El monstruo crece a gran velocidad devorando primero el acelerador, luego la ciudad de Ginebra y su lago, y finalmente el planeta entero. El efecto visual es impresionante. Cuando hasta revistas como *Time* sacaban titulares como «El acelerador despierta el miedo al fin del mundo», comprendí que no podíamos ignorar el asunto y que íbamos a perder un montón de tiempo y de energía que habríamos preferido invertir en los últimos preparativos.

Todo empezó con una iniciativa de dos extraños tipos que a finales de marzo del año pasado intentaron con todas sus fuerzas que se hablara de ellos. Uno se llama Otto Rössler y es un químico alemán jubilado; el otro es Walter Wagner, otro jubilado que vive en Hawái y que ha trabajado en el ámbito de la seguridad en reactores. Desde hace unos diez años Wagner denuncia en los tribunales de Estados Unidos a los responsables de cada nuevo acelerador acusándolos de poner en peligro el planeta, pero nadie se lo toma en serio; por su parte, Rössler ha acudido a la Corte Europea de Derechos Humanos sin mayor fortuna.

Antes de que los primeros haces recorrieran el LHC, los dos hombres pasaron a la acción. Sus relatos son terroríficos: «Dentro de unas semanas, o quizá dentro de un mes, alguien verá un rayo de luz saliendo del centro de la Tierra en el océano Índico; después algo similar ocurrirá en el Pacífico y será el principio del fin». O: «Un microscópico agujero negro se formará durante las primeras colisiones y al principio nadie se dará cuenta de nada. El diminuto y hambriento monstruo em-

pezará a atraer hacia sí toda la materia circundante, pero todavía pasarán algunas semanas sin que ocurra nada. Luego, de
repente, cuando su masa haya alcanzado dimensiones macros-
cópicas, nadie podrá detenerlo y todo el planeta será engullido
en un abrir y cerrar de ojos entre los rayos de un Armagedón
bíblico».

En un mundo normal nadie los habría tomado en serio, pero
la sociedad de la información en que vivimos no es precisamente normal. La idea de la catástrofe alimenta la curiosidad y el
miedo de millones de personas. La noticia sensacionalista, des-
tacada con enormes titulares en primera página, llama la atención y vende; es suficiente con que un periódico empiece a hacerlo para que los demás lo sigan; es como una avalancha. En
este tipo de casos, no sirve de nada echar mano de argumentos
racionales; porque el miedo no se combate razonando, sino
huyendo. Tampoco en esta ocasión hay nada que hacer. El
CERN publica un informe detallado, docenas de páginas de-
mostrando que todos los argumentos utilizados no son más
que bobadas y que no cabe la posibilidad de que el LHC produzca objetos peligrosos, pero ni siquiera así se consigue aplacar la psicosis colectiva, por eso seguimos año tras año teniendo que explicarles a los periodistas que los microagujeros
negros del LHC, en caso de que se produzcan, se extinguirán
en un instante y únicamente dejarán huellas apenas perceptibles en nuestros aparatos de medición; o que las energías producidas en nuestro acelerador, que nos parece gigantesco y del
que estamos tan orgullosos, no son nada comparadas a las de
los rayos cósmicos que llevan millones de años bombardeando la Tierra, etcétera.

Lo único que me inquieta de todo este asunto es que pueda
afectar a personas vulnerables. En estos días, hay quien real-

mente teme que todo pueda acabar, gente que sufre de verdad, madres que se preocupan por el futuro de sus hijos y que nadie sabe cómo tranquilizar.

A las 21.30 recibo un correo de Sergio, un viejo amigo de Pisa, que me pone de buen humor. Me dice que está siguiendo toda la polémica sobre el agujero negro y no acaba de creérselo. Acaba de comer su plato preferido: salchichas a la brasa. Se ha pegado un atracón y lo ha acompañado de unos tragos de un buen vino que guarda en la bodega, pero una duda terrible ha empezado a aquejarlo. ¿Y si todo lo que cuentan fuera verdad? ¿Y si todo acabara dentro de unas horas? Sergio sabe que estoy en el ojo del huracán y que dispongo de información de primera mano. Invoca nuestra antigua amistad para que le dé un consejo objetivo: «Guido, si tuvieras la más mínima duda, házmelo saber, por favor. Si todo tiene que acabar no dudaría en lanzarme sobre la bandeja de salchichas, que sigue tentándome desde la mesa».

Entre risas le respondo que puede irse tranquilamente a dormir y dejar las salchichas: tendrá todo el tiempo del mundo para comerse su plato favorito mañana o en los días siguientes, aunque haría bien cuidando un poco el hígado.

LOS SUPERMICROSCOPIOS

Ha pasado más de un siglo desde que lord Rutherford demostró que era posible estudiar la estructura más íntima de la materia bombardeando una finísima hoja de oro con núcleos de helio —que por aquel entonces se llamaban «partículas alfa»— emitidos por la desintegración de una sustancia radiactiva. Al visualizar las partículas, desviadas en grandes ángulos, Rutherford demostró ingeniosamente y de forma inequívoca que el átomo de oro poseía un núcleo muy pequeño donde se concentraba toda la carga positiva. Ese experimento permitió construir un modelo atómico que sigue en boga (una nube de electrones moviéndose alrededor del núcleo), abrió el camino hacia la mecánica cuántica (ya que la mecánica clásica era incapaz de explicar cómo era posible que en su movimiento los electrones no perdieran energía por irradiación y acabaran cayendo en el núcleo) y se convirtió en el pilar de los experimentos modernos con los grandes aceleradores de partículas.

De Rutherford en adelante empezó a sondearse la materia con proyectiles cada vez más energéticos. Los electrones y las partículas alfa fueron sustituidos por los rayos cósmicos, un flujo continuo de partículas de energía muy elevada que viene del espacio y nos bombardea sin cesar desde todos los ángulos. A partir de la década de 1930, cuando por fin consiguieron producirse y acelerarse electrones y protones en un laboratorio, dio comienzo la era de los aceleradores.

Acelerando electrones, protones o iones pesados a elevados niveles de energía y haciéndolos colisionar entre sí, es posible llevar diminutas porciones de materia hasta las condiciones extremas de energía y temperatura del universo primordial. Así, en un laboratorio y en condiciones controladas puede reproducirse el maremágnum de partículas que poblaban con abundancia el universo justo después del Big Bang pero que no han podido sobrevivir hasta nuestros días.

También podemos entender los aceleradores como super microscopios que sondean la materia con la radiación más penetrante de la que disponemos, protones de alta energía, para vislumbrar sus detalles más insignificantes.

La energía y la longitud de onda de una radiación o de una partícula son inversamente proporcionales: a mayor energía, menor es la longitud de onda correspondiente y mejor la resolución de nuestro microscopio.

Solo los electrones y los protones de alta energía de los aceleradores de partículas permiten visualizar los detalles del protón, cuyo tamaño es de un femtómetro (10^{-15} metros), o incluso de sus componentes, como los quarks, cuyo tamaño es inferior a un attómetro (10^{-18} metros); y si los quarks también fueran objetos compuestos, igual que los protones, su estructura podría ser sondeada en un futuro con proyectiles suficientemente energéticos como para permitir explorar las infinitesimales dimensiones de estos nuevos componentes elementales de la materia.

Así pues, los aceleradores de partículas pueden verse como supermicroscopios o como una especie de máquinas del tiempo capaces de trasladarnos miles de millones de años atrás para comprender ciertos fenómenos ocurridos en épocas lejanas, en los instantes que siguieron al Big Bang. Son una fábrica de partículas extintas, dado que al percutir la estructura del vacío con colisiones de altísima energía logran resucitar, durante milésimas de segundo, partículas que llevaban millardos de años sin poblar nuestro universo macroscópico, o estados de la materia que normalmente se encuentran confinados en rincones remotos o totalmente inaccesibles.

El LHC, el gran acelerador, es la apoteosis de esta línea de investigación.

EL LUGAR MÁS FRÍO DEL UNIVERSO

Pero construir un acelerador como el LHC no es tarea fácil. Cuando en 1993 se cancela el proyecto americano del SSC, en el CERN se respira un entusiasmo que pronto se convierte en preocupación. Una vez más, Rubbia tenía razón, pero ahora ya no hay excusas, hay que construir el LHC: una máquina moderna, miles de imanes sumamente complejos, haces de alta intensidad con sistemas de control y protección todavía por inventar. Algo así basta para estremecer a los expertos más temerarios. Empiezan a surgir dudas: ¿y si hemos estirado la pierna más de lo que alcanza la manta? ¿Y si los físicos más ancianos, entre los que se cuenta algún nobel, tenían razón al decir «Una máquina así nunca funcionará»?

Las dudas están más que justificadas. Para construir el nuevo acelerador hace falta un salto de calidad respecto a lo que se ha hecho hasta el momento. Para mantener en órbita protones con 7 TeV de energía, los imanes tendrán que probarse con hasta 9,7 teslas, un campo magnético casi cien veces mayor que el terrestre, un valor que hasta el momento no ha alcanzado ningún acelerador.

El diseño de los dos haces circulando por el mismo imán utilizado por Giorgio Brianti es elegante e ingenioso, pero también complejo; cualquier imperfección, por insignificante que sea, repercutiría catastróficamente en la estabilidad de las órbitas. Mantener bajo control durante diez o doce horas haces de alta intensidad que realizan 11.000 giros por segundo en un anillo de 27 kilómetros es una empresa extraordinariamente difícil. Cualquier pequeña perturbación, cualquier diferencia en las características de los 1.232 imanes que guían el recorrido, puede afectar a la propagación de los paquetes de protones y comprometer el correcto funcionamiento de la máquina.

Además, hay otro problema: el control de la energía almacenada y la protección de los imanes y el resto del equipo. La energía de los haces del LHC ha sido equiparada a la de un tren que avanza a 150 km/h. Al concentrarse en los haces, esta energía circula a unos pocos milímetros de aparatos muy delicados; es la pesadilla de todos los expertos en sistemas de protección. Sin contar la energía almacenada en los imanes que podría provocar daños irreparables.

Pero esta no es nuestra única preocupación. Los protones pierden poca energía a causa de la irradiación de luz de sincrotrón, y los efectos sobre el haz circulante no son importantes, pero la energía que se pierde se deposita en componentes de la máquina que operan a temperaturas muy bajas y es necesario que el sistema de criogenia sea dimensionado de modo que pueda absorber esta fuente de inestabilidad.

Por último tenemos el daño por radiación. Todo lo que haya en el túnel recibirá el impacto de flujos de partículas que pondrán a prueba cualquier sistema. Los circuitos de alimentación y los sistemas de control tendrán que sobrevivir a situaciones en las cuales la electrónica ordinaria deja de funcionar al cabo de pocos meses. Todo tendrá que diseñarse utilizando innovadores componentes que todavía no existen; también tendrán que *inventarse* nuevos materiales para sustituir a los que se deforman, se endurecen o se quiebran por efecto de la radiación en las zonas más expuestas.

Lyn Evans fue el elegido para dirigir tan ambiciosa empresa. Es un galés carismático y rudo, hijo de un minero de Cwmbach, un pueblecito de nombre impronunciable perdido entre las colinas de los alrededores de Cardiff.

Años más tarde, durante una velada particularmente tranquila frente a una buena pinta de cerveza, Lyn me confesará que comenzó a interesarse por la física desde muy pequeño. Todavía recuerda cómo lo maravillaron unas pequeñas explosiones que provocó en su casa mientras jugaba imaginando que era químico. Su primer laboratorio fue la cocina de su casa y el primer reconocimiento que obtuvo por sus experimentos fueron los duros pescozones de su madre y, más tarde, al llegar de la mina, los de su padre.

Lyn tiene un porte imponente y es un líder natural. Sonríe poco e infunde cierto temor. Suele decir las cosas a la cara y sabe ser severo cuando es necesario, pero conoce los secretos de los aceleradores mejor que nadie. Cuando Giorgio Brianti se jubiló en 1994 y Lyn fue elegido responsable del proyecto todos sabíamos que era la persona idónea. Si había un hombre capaz de hacerse cargo de esa empresa, era él. De hecho, dirigirá el proyecto durante los siguientes catorce años, hasta que el acelerador empiece a funcionar.

La presencia de Lyn en el proyecto comienza a notarse muy pronto. Los tiempos irrealizables anunciados por Rubbia muy pronto revelan lo que realmente eran: un farol para poner en apuros a los americanos. De todos modos, el proyecto ha sido aprobado y financiado. Lyn pone a trabajar a cientos de ingenieros y físicos de todo el mundo; busca ayuda en India para tener en el CERN personal especializado en las pruebas de la producción en masa de los imanes; involucra a los mayores expertos rusos, los de Novosibirsk, en la producción de las líneas de transferencia de los protones del LHC; pide ayuda a los especialistas americanos del Fermilab y a los japoneses del laboratorio Kek para la producción de los imanes especiales cuyo objetivo es focalizar los haces alrededor de las zonas de interacción. A pesar de que el CERN juega un papel decisivo, es evidente desde el principio que se trata de un desafío global.

Los mejores físicos e ingenieros del CERN se concentran en proyectar los componentes más delicados: imanes, criogenia, óptica y sistemas de control.

Como sistema de refrigeración de los imanes se opta por sumergirlos en un baño de helio líquido a una temperatura de 1,9 grados por encima del cero absoluto, es decir, −271,1 °C, un par de grados menos que los imanes del Tevatrón. De este modo, con una temperatura un grado inferior a la media del espacio profundo, el LHC se convierte en el lugar más frío del universo. Reducir la temperatura significa ganar un margen importante para la operación de los imanes. Cuanto más altos sean el campo magnético y la densidad de la corriente, más hay que bajar la temperatura para mantener unas condiciones de superconductividad estables.

Está claro que trabajamos en los límites de lo imposible. La dura lección que condujo a la cancelación del ISABELLE sigue presente en el recuerdo de muchos. Lyn es consciente de que conseguir realizar un prototipo que refleje las especificaciones es importante, aunque no lo más importante. El verdadero desafío consiste en organizar y gestionar una producción industrial de miles de imanes que tienen que ser virtualmente idénticos. Estamos hablando de «juguetes» de 16 metros de longitud y un peso de 27 toneladas; el mero hecho de juntarlos es una tarea aterradora. Hay que fabricarlos con una leve comba en el plano horizontal, para que acompañen la trayectoria de las partículas a través del anillo del túnel; además hay que tener en cuenta las contracciones y deformaciones debidas al cambio de temperatura entre los talleres donde se construyen y los −271,1 °C de la temperatura de funcionamiento. Como si esto no fuera suficiente, los envoltorios de las bobinas de hilo superconductor y las finas capas de aislante con que han sido impregnadas tienen que ser tan perfectas como para producir campos magnéticos idénticos, cuyos valores solo se diferencien en una parte sobre 10.000.

Como es habitual, cuando se trata de resolver problemas se recurre a un italiano. Lucio Rossi es un profesor milanés experto en imanes y con una gran capacidad administrativa. Trabajó en el primer prototipo de los imanes del LHC, que fue un gran éxito. El imán que mostró Brianti en el CERN en 1994 y que fue un elemento decisivo a la hora de aprobar el LHC fue construido enteramente en Italia, gracias a una colaboración con el INFN, el Instituto Nacional de Física Nuclear.

En 2001, Lyn escoge a Lucio para encargarse de esta delicada fase del proyecto y este no duda en aceptar; abandona sus cursos en la universidad y se zambulle de lleno en un túnel de entusiasmo, miedo y angustia del que saldrá al cabo de unos años, cuando se instale el último imán en el acelerador. Para producir los 1.232 dipolos superconductores del LHC, el CERN no solo diseña cada detalle de los mismos, sino también todo el equipo necesario. Se ocuparán de ello tres empresas: una italiana, una francesa y una alemana; a cada una de ellas se le pedirá que produzca un tercio del equipamiento; si una de las tres fallara, las otras dos podrían sustituirla. Hay retrasos e innumerables problemas, pero al final cumple con éxito uno de los mayores objetivos para el triunfo del LHC.

La construcción del acelerador está plagada de incontables crisis técnicas y financieras; no hay sector que se libre. La producción de los imanes, la criogenia, el vacío, incluso los imanes para la focalización final de los haces, que sobre el papel tenían que ser relativamente estándar y de cuya producción tenían que encargarse los americanos y los japoneses, resultan ser problemáticos y acaban por requerir varias intervenciones y mejoras. Al final todo se traduce en un aumento del coste total y un continuo aplazamiento de la fecha de arranque del acelerador.

La fecha inicial, aquel 1998 que Rubbia había enarbolado a modo de amenaza frente a los defensores del SSC en Dallas, pronto se olvidará. Por otro lado, todo el mundo sabía que aquello había sido un ardid; un poco como hacen los toreros con la muleta: la había agitado frente al toro para que el animal cargara con la cabeza gacha y así poder rematarlo de una estocada. Al final, entre los retrasos técnicos y la necesidad de absorber los costes extras, todo se pospuso lenta pero inexorablemente unos diez años. Y los 2.660 millones de francos que se habían propuesto en 1994 se convirtieron en otra cifra mucho más realista: 4.600 millones. El CERN fue capaz de afrontarlos recurriendo a un préstamo a diez años y reduciendo significativamente el personal, así como los gastos de funcionamiento general.

UNA DISCUSIÓN CON MI JEFE

Mientras Lyn y los suyos están ocupados lidiando con las adversidades, no muy lejos de donde se prueban los prototipos de los imanes tienen lugar acaloradas discusiones. El gran desafío de los físicos experimentales empezó mucho antes de que el LHC se aprobara oficialmente. Las reuniones empezaron en 1984, justo después de que se iniciaran las excavaciones para el LEP, pero el punto de inflexión fue en 1990, cuando cientos de jóvenes físicos se reunieron en Aachen, la antigua Aquisgrán, donde todavía se conserva el viejo trono de piedra desde el que Carlomagno reinaba sobre el Sacro Imperio Romano Germánico.

El mecanismo mediante el cual se proponen nuevos experimentos y gracias al que surgen las grandes colaboraciones internacionales es el siguiente: la idea nace de un particular o un grupo reducido que de repente toma la iniciativa; escriben artículos y se proponen ideas que luego se debaten en las sedes más prestigiosas, los grandes laboratorios de investigación o las mayores universidades. Esto ocurre mucho antes de que los proyectos se aprueben, y se corre el riesgo de que queden en nada, como sucedió con el ISABELLE y el SSC. Es una fase hermosa, caótica y salvaje, en la que uno puede fantasear proponiendo las ideas más arriesgadas —a menudo irrealizables, en ocasiones revolucionarias— que rompen los paradigmas del momento. Luego se atraviesa un proceso de selección para filtrar y depurar dichas ideas; suele ocurrir que, desde abajo y debido a una agregación espontánea, surjan protocolaboraciones con pequeños grupos que comparten el mismo criterio y dan forma a una propuesta concreta: las cien flores salvajes que habían germinado en la fase anterior se organizan ahora en un jardín coherente. Seguidamente se propone un experimento y se describe en un documento breve, una declaración de intenciones donde se ilustran los principios generales, los objetivos y las tecnologías de base necesarias para alcanzarlos.

Llegados a este punto da comienzo una segunda fase, menos espontánea y más estructurada, donde entran en escena las agencias de financiación, los grandes laboratorios, los grupos organizados y las eminencias de la física de altas energías a nivel internacional; surgen así las grandes colaboraciones, que han de calcular los recursos necesarios, intentar atraer el beneplácito de las instituciones más importantes y, en ocasiones, comprometer algunas partes del proyecto a cambio de apoyo político o financiero. La propuesta se convierte en un proyecto articulado que los ingenieros ilustran con diseños bien detallados; se calculan con precisión los costes y se empieza a vislumbrar cómo se distribuirán las responsabilidades durante la construcción.

Al final de este proceso tiene lugar una selección durísima. Algunas propuestas son aceptadas, otras no, y solo los procesos que sean aprobados por la vía oficial podrán comenzar su aventura.

Conocí a Michel Della Negra en Aachen, en octubre de 1990; yo había llegado allí de mala gana después de discutir con mi jefe. No le agradaba que dedicara mi energía a un proyecto que, en su opinión, no funcionaría. Creía que estaba perdiendo el tiempo peligrosamente. Los demás miembros del grupo donde trabajaba se quedaron boquiabiertos cuando nos oyeron gritar de aquella manera en mi despacho. No es habitual levantar la voz de esa forma, pero aquella vez yo también estaba fuera de mí. A fin de cuentas solo le había propuesto participar en una conferencia en Alemania que duraba unos días y donde se iba a hablar de nuevos detectores. Se me había ocurrido una idea que me parecía disparatada, pero podía funcionar y quería presentarla y debatirla en Aachen, donde se reunirían los cien locos que soñaban con descubrir el Higgs en el LHC. A mi jefe le sentó fatal. Tal vez presentía lo que estaba a punto de ocurrir; es decir, que yo organizaría otro grupo, mi propio grupo. Tal vez había advertido antes que yo que nuestros caminos estaban a punto de separarse definitivamente.

Pero en aquel momento sentía sobre mis hombros el peso de la responsabilidad: tenía que ir allí y proponer mis ideas. En pocas palabras, él me amenazó y yo respondí de forma tajante. Al final conseguí marcharme, pero después de aquello nuestra relación no fue la misma. Es un episodio que suelo contar a menudo, sobre todo a los más jóvenes de mi grupo: «Si estáis persiguiendo un sueño no escuchéis a quien intente frenaros, aunque sea el físico más reputado del mundo: seguid el impulso de vuestra pasión; quizá no consigáis cumplir vuestro sueño, pero al menos no os arrepentiréis».

UN CORAZÓN DE CRISTAL PARA EL CMS

Fui a Aachen y propuse utilizar como detectores de trazas los delicados detectores de silicio. Los detectores de trazas son el corazón de los experimentos modernos de física de partículas, la parte más importante de la enorme máquina fotográfica digital que reconstruye los eventos. Normalmente son la parte más sofisticada y difícil de fabricar, porque son los detectores que rodean la zona de interacción, lo primero que hay por fuera del tubo de vacío donde ocurren las colisiones. Su objetivo es registrar las débiles señales que dejan al pasar los cientos de partículas cargadas producidas por la interacción, reconstruir su trayectoria y medir sus características. La energía y la luminosidad del LHC son tan altas que todas las tecnologías utilizadas hasta el momento no podían funcionar. Este problema había resultado un quebradero de cabeza para todo el mundo; incluso Rubbia acabó dándose por vencido. Carlo propone el detector «bola de hierro», y no está bromeando; cree que sería imposible reconstruir las huellas en el LHC y que ningún detector resistiría el ambiente infernal que se creará en el corazón de los aparatos, así que propone rodear la zona de interacción con una enorme esfera de hierro de varios metros de diámetro y recubrirla con detectores para muones. El hierro absorbería todas las partículas producidas por la interacción y solo los muones, que son las más penetrantes, saldrían de aquel «infierno». Un bosón de Higgs que se desintegre, tal y como prevé el Modelo Estándar, en cuatro muones altamente energéticos no podría escapar. Pero esta vez la idea de Rubbia es errónea y no podría funcionar, estamos totalmente convencidos; sin información acerca de lo que ocurre en el interior del aparato el descubrimiento del Higgs sería imposible. Hay que asegurarse de que los cuatro muones provienen del mismo punto y que no han sido producidos por interacciones que se han superpuesto por casualidad o por desintegraciones de otras partículas.

Los detectores de silicio son una de las tecnologías que mejor conozco; soy uno de los mayores expertos del mundo en este campo. De joven fui uno de los pioneros en este sector; mi jefe, con quien acabo de discutir, y yo, desarrollamos en su día en un laboratorio los primeros detectores y los hicimos funcionar; en cuanto los instalamos en los experimentos pudimos observar detalles de las partículas de una forma tan clara que permitieron un gran número de nuevas mediciones.

Los finos cristales de silicio puro, parecidos a los que usan los nuevos dispositivos electrónicos, pueden ser sensibles al paso de partículas con carga; de cada placa pueden conseguirse infinidad de electrodos, a distancia de poco menos de un centésimo de milímetro los unos de los otros, que registran la minúscula nube de carga producida por el paso de una partícula; después, unos amplificadores ultrasensibles registran la señal. De este modo pueden conocerse los puntos de la trayectoria con una precisión de pocos micrones y resulta muy fácil reconstruir las marcas como si estuvieran bajo el microscopio. Gracias a los detectores de silicio pueden visualizarse detalles de las interacciones que de otro modo resultarían totalmente confusos.

Mi plan es convertirlos en nuestra apuesta para el LHC. Mientras hablo, todo el mundo hace extrañas muecas. Y no les falta razón. En el ambiente del LHC los detectores actuales no durarían más que unas pocas semanas. De hecho, la radiación cambia las características del silicio, y si no se adoptan medidas especiales los detectores quedarían inutilizables muy pronto. Además, hasta el momento, nadie ha sido capaz de producir grandes cantidades de estos cristales, y nosotros necesitaríamos cientos de metros cuadrados. Son objetos sumamente caros y sofisticados que muy pocas empresas en el mundo son capaces de producir. Para equipar los instrumentos del LHC se necesitaría una cantidad cien veces mayor de la que se utilizó en los años noventa con un coste por unidad diez veces más bajo; además, la electrónica necesaria para la lectura de los datos supone otro problema: millones de amplificadores en miniatura que también tendrán que soportar niveles altísimos de radiación. Es una verdadera locura.

Cuando se lo comenté a Michel Della Negra se le iluminó el rostro y me dijo: «Me parece una buena idea. ¿Por qué no vienes con nosotros y nos ponemos manos a la obra?».

Michel Della Negra es un físico francés con un apellido que delata antepasados italianos. Ha estudiado en la École Polytechnique de París y trabajó con Rubbia durante el descubrimiento de W y Z. Como muchos otros jóvenes talentosos, al acabar el experimento decidió independizarse y alejarse del gran jefe

y de su impetuosa personalidad, que tendía a aplastar y fago-
citar todo lo que lo rodea, incluso a sus colaboradores más
brillantes. Solía ir acompañado de un físico inglés de origen indio, Tejinder Virdee, su vicario, al que todos llamaban Jim; un
verdadero luchador, igual que los sikh a los que, por tradición,
pertenece su familia. Nacido en Kenia y licenciado en Inglate-
rra, combatió contra los prejuicios y los obstáculos de un sistema académico sumamente conservador como es el inglés.
También trabajó con Rubbia. Allí conoció a Michel y pronto
se hicieron buenos amigos, y juntos tomaron la decisión de
emprender una nueva aventura.

El encuentro con Michel en Aachen me cambió la vida; me
uní al CMS porque Michel me gustó enseguida: es unos años
mayor que yo, decidido y firme, poco propenso a exponerse y
muy competente. Fue Michel quien, con la ayuda de Jim, propuso el diseño simple y elegante del CMS, un proyecto que discutimos durante semanas en las mesas de la cafetería garaba-
teando sobre millones de servilletas. El diseño me sedujo por
su belleza y claridad sin pretensiones.

La filosofía del proyecto es la misma que llevó al descubrimiento de W y Z. Rubbia lo apostó todo a la desintegración en
electrones de los bosones de W y Z; por eso instaló un detector de trazas central en el interior de un campo magnético y
colocó alrededor un calorímetro electromagnético, un detector especializado en la absorción de electrones y fotones y la
medición de energía. Dentro del imán se reconstruían las huellas y el impulso de los electrones, reconocibles gracias a que el
calorímetro los absorbía totalmente.

La idea era perfecta para un experimento basado en el SPS
colisionador del momento. Pero en el LHC la luminosidad
será diez mil veces superior y, en los años noventa, era imposi-

ble saber si podrían distinguirse las marcas de los electrones de los cientos de partículas producidas por la colisión; por eso Michel decidió apostarlo todo a los muones: al ser más pesados que los electrones, los muones interactúan poco con la materia y pueden atravesarla durante decenas de metros.

El CMS se construyó alrededor de un único y gigantesco imán cilíndrico que guarda en su interior el detector de trazas y la calorimetría (las capas especializadas en absorber las partículas menos penetrantes), y que está revestido de hierro equipado con cámaras para muones (capaces de reconstruir la trayectoria de las partículas cargadas que logran atravesar el hierro).

Los muones de alta energía transversal, es decir, cuya dirección es perpendicular a la dirección de los haces, producidos durante las colisiones dejarían señales en el detector de trazas interno, pero atravesarían indemnes el calorímetro para luego volver a dejar huellas en el detector especializado colocado en el exterior del imán. Todas las partículas serán absorbidas por los calorímetros, mientras que los muones podrán identificarse sin ambigüedad conectando entre sí las marcas dejadas en el detector de trazas interno gracias a las trayectorias que reconstruirán las cámaras de muones.

El esquema es esencial, un arquetipo de detector, el sueño de todo físico experimental.

EL MOMENTO DE ELEGIR

Las protocolaboraciones para el LHC, que se forman a principios de los años noventa, son cuatro. Además del CMS se propone el L3P, otro experimento basado en un gran solenoide central que es la evolución del experimento L3, operativo en el LEP; los otros dos experimentos, el EAGLE y el ASCOT, se basan en un campo magnético toroidal, es decir, con forma de rosquilla, una geometría completamente diferente a la cilíndrica que adopta el CMS. Los partidarios del EAGLE son un grupo de investigadores capitaneados por Peter Jenni, un físico suizo que participó en el UA2, el experimento que perdió la competición contra Rubbia cuando se descubrieron W y Z; esa experiencia los marcó de tal forma que se juraron a sí mismos que no volvería a repetirse.

En el UA2 Peter había conocido a una joven italiana que trabajaba en el INFN de Milán y que sabía moverse con seguridad tanto en el campo de los análisis físicos como en la producción de nuevos detectores. El grupo de Milán trabajaba en el desarrollo de un prototipo nuevo de calorímetro para electrones y fotones que podría utilizarse en el nuevo acelerador que proyectaba el CERN. En un mundo dominado por el género masculino, la joven investigadora, amante del arte y la música y siempre formal y educada, es capaz de inspirar un gran respeto; es rigurosa y carismática, y cuando habla todo el mundo presta atención. Sobre todo cuando la discusión versa sobre física; la joven suele ir al grano y no se amedrenta ante un problema por resolver. Peter no duda en involucrar desde el primer momento a Fabiola Gianotti en los estudios más difíciles para el nuevo detector.

De los cuatro experimentos propuestos para el LHC solo se aprobarán dos. El mensaje del director general del CERN es claro y conciso y llega acompañado de una sugerencia: «¿Por qué no intentáis conciliar los proyectos en dos propuestas? Una centrada en la geometría de solenoide y otra en la geometría de toroide». Rápidamente surgen encuentros y confronta-

ciones entre el CMS y el L3P por un lado, y el ASCOT y el EA-
GLE por el otro.

El líder del L3P es Sam Ting, protagonista de la «revolución de noviembre»; la primera vez que nos reunimos para
intercambiar ideas me siento muy emocionado. Me encontraba preparando mi tesis en Pisa cuando la noticia dio la vuelta
al mundo: Ting había localizado el charm, el cuarto quark,
una forma de materia completamente nueva; este descubrimiento cambió la física de altas energías; por él Ting compar-
tió el Nobel con Burt Richter en 1976.

Tengo ante mí, en carne y hueso, a una de las figuras más
emblemáticas de la física de la segunda mitad del siglo xx, y
descubro que tiene un carácter pésimo; es muy agresivo, mira
a Michel con soberbia y lo trata con arrogancia. Propone unir
sus fuerzas a las del CMS, aportando muchos recursos, fondos
e ingenieros, además de granjearnos la simpatía de muchas
instituciones americanas, pero insiste en modificar la idea conceptual básica de nuestro experimento, aquel diseño simple y
genial que me sedujo enseguida. Promete el oro y el moro,
pero lo quiere cambiar todo. Los argumentos científicos que
utiliza son poco consistentes; en cambio, su ansia de poder es
evidente. Está claro que quiere ser él, el gran premio nobel,
quien guíe el experimento de los muchachos. Cuando veo a
Michel, totalmente sereno, contestándole de forma tranquila
que no hay vuelta de hoja, que si esas son las condiciones el
CMS seguirá adelante sin ellos, me doy cuenta de que he escogido el experimento que más me va.

El L3P y el CMS se presentarán a la junta por separado,
mientras que el EAGLE y el ASCOT se fundirán en un solo
proyecto y nacerá el ATLAS (A Toroidal LHC ApparatuS).
Cuando en 1993, para sorpresa de muchos, el L3P sea revoca-

do y el ATLAS y el CMS aprobados, quedará patente que, en ocasiones, no realizar concesiones por motivos de conveniencia política puede salir caro. Los chicos del CMS estamos eufóricos, pero sabemos que el juego no ha hecho más que empezar.

En muchos sentidos, gran parte de nuestro destino ya ha sido sellado. El ATLAS, nacido de la fusión de dos experimentos, será siempre mucho más rico y fuerte políticamente que nosotros. Con todo, tiene un talón de Aquiles: para complacer a todos los grupos ha englobado tantas tecnologías diferentes que será difícil integrarlas; corre el riesgo de ser como un elefante: potente pero poco ágil. El CMS es un detector más simple y por tanto más rápido a la hora de localizar cualquier nueva señal, pero las tecnologías que propone son tan modernas que su verdadero reto consiste en llegar a construirlo y conseguir ponerlo en marcha.

LA GRAN LICUADORA

Cuando un proyecto es aprobado oficialmente se pone en marcha un mecanismo infernal. El CERN nombra un comité formado por grupos de expertos que supervisan el trabajo. Tienes que suministrar información de cada movimiento y entregar una detallada planificación de las actividades con una lista infinita de objetivos que alcanzar. Da comienzo desde abajo una frenética búsqueda de nuevos colaboradores; se entabla contacto con las empresas más avanzadas; se pone en marcha una furibunda actividad de investigación y desarrollo.

Es como encontrarse en medio de una licuadora que gira a gran velocidad, o estar montado en una montaña rusa que se eleva hasta alturas estratosféricas para luego caer hacia los abismos más profundos.

Para nosotros son años apasionantes y frenéticos. Pasamos semana tras semana encerrados en el laboratorio para hacer funcionar los prototipos de esos objetos tan modernos que hemos propuesto y diseñado; luego viajamos por el mundo en busca de nuevos colaboradores que puedan suministrarnos recursos e ideas para resolver los problemas que todavía nos superan.

Cuando se aprueba un experimento se establece un presupuesto general, un umbral de gasto por debajo del que hay que mantenerse. Para nosotros el umbral es de 475 millones de francos, lo mismo que para el otro experimento, pero ello no implica que dichos fondos estén asegurados. Los fondos llegan únicamente si logra convencerse a colaboradores de todo el mundo para que participen en nuestra empresa, para luego pelearse con sus agencias de financiación a fin de que contribuyan a la construcción del CMS.

La construcción de un experimento de este tipo es realmente una tarea colectiva en la que participa todo el planeta. Cada nación y cada grupo colaboran en uno o más subproyectos que se comprometen a realizar. Suele ocurrir que algunas partes del aparato se construyen directamente en laboratorios nacionales siguiendo detalladas instrucciones emitidas desde la sede central; después todo se traslada al CERN, donde se procede a su ensamblaje, instalación y puesta en marcha.

Viajamos a las remotas llanuras de la Rusia postsoviética para negociar la compra de cientos de toneladas de latón que necesitamos para los calorímetros. Descubrimos que la flota del Mar del Norte, con base en Múrmansk, está desarmando una gran cantidad de proyectiles de artillería pesada; si logramos convencerlos para que nos vendan el latón de las ojivas a un precio más bajo respecto a su valor de mercado en Occidente ahorraremos millones de francos. Al final lo logramos gracias a nuestros colegas físicos rusos. De la fusión de un millón de proyectiles conseguimos 300 toneladas de latón, y así, de forma inesperada, contribuimos a la reconversión pacífica de un arsenal bélico. Luego vamos a Taksila, un lugar escondido entre las montañas de Pakistán, en cuyo museo se conservan restos arqueológicos con inequívocos indicios del paso de Alejandro Magno. Nos trasladamos hasta allí porque tenemos que inspeccionar una antigua fábrica de tanques. Podemos utilizarla para producir la enorme maquinaria de acero necesaria para soportar un calorímetro especial. También viajamos a Japón, donde una pequeña industria de semiconductores nos promete producir una gran cantidad de detectores de silicio, pero antes es necesario que vayamos a inspeccionarla. Volamos hacia allí y después de un interesante desayuno a base de sopa de verduras y gambas crudas nos ponemos monos y calzado especiales para visitar las limpias habitaciones donde se trabajan los cristales de silicio. Durante días discutimos hasta el último detalle con los ingenieros para saber si nuestro objetivo es asequible. Luego vamos a visitar unos astilleros de Corea donde quizá puedan producirnos la maquinaria necesaria para instalar el imán.

Viajamos a muchos otros lugares en busca de nuevos grupos y colaboradores. En especial, recuerdo una visita que hice al Fermilab para convencer a los muchos amigos que mantengo en aquel laboratorio, donde trabajé varios años. Entre lagos repletos de gansos y praderas han instalado un laboratorio dedicado a la fabricación de detectores semiconductores. Nos vendría genial para producir las decenas de miles de elementos que necesitamos para el CMS. Conozco al director, un físico de Chicago con quien he pasado más de una velada frente al mejor menú de Tex Willer: «Bistec de un dedo de grosor y una montaña de patatas fritas». Por cómo me mira me doy cuenta enseguida de que participará encantado; acabo de convencer a Joe Incandela para que se una a nuestra empresa.

Son años fascinantes, pero también llenos de problemas. En ocasiones, las tecnologías propuestas por un grupo no funcionan bien y hay que rechazarlas y cambiar totalmente de rumbo; otras veces, unas personas que llevan años trabajando en una solución ven cómo se esfuma en cuestión de segundos. Algunos no pueden soportar la desilusión y abandonan el proyecto; después de dolorosas discusiones, los caminos que nos han unido durante años de esfuerzo y sufrimiento terminan por separarse.

No son pocas las crisis que hemos atravesado durante la construcción, sobre todo de los componentes más delicados; el imán, el detector de trazas y el calorímetro electromagnético son joyas de la tecnología que hacen del CMS un experimento realmente especial, pero eran tan arriesgadas y difíciles de construir que bien podrían habernos abocado a un fracaso estrepitoso.

Del detector de trazas ya hemos hablado. El imán, en cambio, es un enorme solenoide, es decir, una bobina con forma cilíndrica, de 13 metros de longitud y 6 metros de diámetro. Es tan grande que solo puede ensamblarse por partes, porque ninguna máquina existente podría trabajarla como una pieza única. Su objetivo es producir un campo de 4 teslas, y es el imán superconductor más grande del mundo, pero no sabemos qué tipo de cable utilizar. Es necesario inventar un cable nuevo, que soporte densidades de corriente muy elevadas, que sea muy estable y mecánicamente tan sólido que aguante el monstruoso empuje equivalente a miles de toneladas de peso generado por las fuerzas magnéticas sobre la bobina. Es tan imponente que durante el transporte no puede pasar por ninguna autopista porque los túneles son demasiado pequeños. Hemos diseñado un plan para cargarlo en barcazas en Marsella y luego subirlo por el Ródano, tal y como se hacía con los materiales de las grandes catedrales góticas. Solo durante el tramo final podrán utilizarse las carreteras provinciales que cruzan los maravillosos pueblos de la zona, pero antes hay que desmontar los semáforos y todas las señales de tráfico, de lo contrario no podría pasar.

Por último tenemos el calorímetro electromagnético. Se decidió centrar toda la atención en electrones y fotones. Después de algunas dudas iniciales, nos convencimos de que era posible reconstruirlos incluso en el ambiente infernal del LHC, pero necesitaríamos un calorímetro muy especial. Contamos con la ventaja de poder reconstruir las desintegraciones del Higgs que generan electrones de alta energía. Y si el Higgs tuviera una masa entre 100 y 150 GeV podríamos aprovechar una desintegración particular pero muy limpia, que es una marca incontestable de esta partícula: la desintegración en dos fotones de alta energía. Un calorímetro electromagnético sofisticado convertiría el CMS en algo todavía más competitivo y aumentaría sus posibilidades de realizar cualquier descubrimiento. Jim Virdee es quien más insiste en esta solución, que más tarde adoptarán los otros equipos que colaboran.

El calorímetro del CMS será una verdadera joya, construida a partir de 75.000 cristales brillantes, velocísimos sensores que emiten una minúscula señal luminosa cuando los electrones y los fotones son absorbidos por el material pesado. La cantidad de luz emitida nos permite medir la energía total de las partículas absorbidas con una precisión imbatible, pero no parece que nadie pueda producir cristales de la pureza adecuada y en cantidades suficientes. El material necesario es bastante raro, una sal formada por dos metales opacos y pesados, el plomo y el tungsteno, que milagrosamente combinados con oxígeno forman cristales enormes, extremamente pesados y transparentes. Una maravilla de la química que pocas personas en el mundo saben manejar. Al final descubrimos una fábrica de cristales en Rusia, muy próspera en tiempos de Brézhnev, pero que ahora está al borde de la quiebra. Allí encontramos a las personas capaces de fabricar los cristales que necesitamos, pero el lugar está totalmente derruido. Los alimentadores de los crisoles para los cristales son de antes de la guerra y pueden explotar en cualquier momento, y cuando la nieve del techo se funde llueve en las naves; hay que restaurar toda la instalación.

He aquí algunos de los muchos obstáculos que hemos tenido que superar: el conductor del imán no se consigue soldar; los cristales del calorímetro quizá se pueden producir, pero su coste final será el doble del previsto inicialmente; los primeros sensores de silicio llegan repletos de fallos y poco estables. Por último, cuando creemos que hemos resuelto estos problemas y parece que vamos por el buen camino, resulta que toda la electrónica que pensábamos utilizar para el detector de trazas y el calorímetro no funciona y tenemos que volver a proyectarlo todo de nuevo. Quedan pocos años para las primeras colisiones y el ATLAS, a pesar de lidiar con sus propias dificultades, avanza a marchas forzadas hacia su instalación, con el gallardo paso de la armada teutónica; muy diferente del proceder errático e intermitente de «la armada Brancaleone del CMS», como ya nos llaman algunos.

Por si esto no fuera suficiente, empiezan los problemas en la caverna. Para cobijar a los grandes detectores alrededor de las zonas de interacción hay que excavar cavernas capaces de contener la catedral de Notre-Dame. Como no podía ser de otra forma, los del ATLAS consiguen excavarla dentro de los tiempo fijados sin dificultad; en cambio, nosotros tenemos que enfrentarnos cada mes a un nuevo inconveniente. Al primer golpe de pico debemos detenernos porque hemos topado con la única villa romana existente en hectáreas a la redonda. Más tarde descubriremos que los prados de Cessy, lugar que ocuparán las instalaciones del CMS, se encuentran precisamente sobre un cruce de carreteras romanas cerca del cual hay una villa del siglo IV, llena de monedas y restos de la época. En cuanto empezamos a cavar el enorme pozo de acceso topamos con un río subterráneo que baja de las laderas del Jura hasta el lago. Para poder avanzar tenemos que construir una barrera de tres metros de hielo alrededor del pozo, introduciendo cantidades industriales de nitrógeno líquido a −195 °C. Cuando por fin logramos excavar la enorme cavidad subterránea descubrimos que durante el primer año se ha inclinado tres centímetros; así pues, nuestros detectores corren el riesgo de apoyarse sobre una superficie flotante, lo cual alteraría por siempre su alineación. Pero en esta ocasión los cálculos de nuestros ingenieros resultan ser acertados: todo vuelve a la normalidad en cuanto las 14.000 toneladas de peso del detector estabilizan la enorme estructura subterránea.

Todos estos problemas comportan estudios e investigaciones que se traducen en bochornosos retrasos. No falta quien, al visitar la caverna que albergará el CMS, todavía vacía, y la del ATLAS, rebosante de maquinaria y bullente de actividad, bromea alterando nuestro acrónimo de una forma que me hace enfurecer cada vez que lo oigo en la cafetería: CMS = *See-a-mess*, es decir, «observa el desastre». Es una maldad, pero cierta.

Durante aquellos años, muchos temíamos haber estirado la pierna más de lo que alcanzaba la manta; haber sido demasiado osados; haber utilizado tecnologías no suficientemente maduras. Durante años convivimos con los reproches de los demás y la pesadilla de no lograr nuestro objetivo. El ATLAS funciona como un reloj suizo y el CMS sufre retrasos constantes; ellos ya han decidido el color de las etiquetas de los cables y nosotros todavía no estamos seguros de disponer de los elementos básicos del detector.

De repente, sin que nadie se dé cuenta, algo cambia y las cosas empiezan a avanzar. Descubro que lo lograremos el 28 de febrero de 2008, cuando conseguimos bajar al pozo el elemento central del CMS que incluye el imán. Es una operación tan espectacular que la BBC decide grabarla en directo y emitirla por todo el mundo. Pasamos días con el alma en vilo.

Al contrario que el ATLAS, cuyo ensamblaje se llevará a cabo en el interior de la caverna, el CMS ha sido proyectado como un Lego: el gigantesco cilindro se subdivide en once elementos, enormes estructuras que se montan en la superficie para luego introducirse una a una dentro de la caverna y formar el detector; este procedimiento modular nos ha salvado, nos ha permitido desarrollar los componentes más innovadores e integrarlos en la estructura pocas semanas antes del arranque del LHC.

El momento más crítico de esta fase es el descenso a la caverna de la parte central del CMS, la más pesada de todas —2.000 toneladas de metal y componentes delicadísimos suspendidos en el aire mediante 100 metros de cables de acero—, y el cuidado especial en eliminar incluso la más leve tensión mecánica. Es la primera vez que se hace algo parecido y la empresa especializada en este campo tiene que emplear un procedimiento que nunca se ha probado. Todo depende del éxito de la operación. Si no funciona, no habrá CMS.

Cuando llega el gran día todo el mundo está allí desde las cinco de la mañana para dar el pistoletazo de salida a la operación y empezar a sufrir en cuanto empiezan a notarse minúsculas oscilaciones en los cables de acero que sostienen la estructura. Jim Virdee es el nuevo portavoz del CMS desde hace un año, después de que Michel terminara su largo mandato; a mí me han nombrado su vicario, y Austin Ball, responsable de las operaciones de campo, es el coordinador técnico del experimento. Es un día inolvidable. Se tardan incontables horas en recorrer esos cien metros. Es una bajada lenta, extenuante, que no termina nunca. A las 18.32 la enorme estructura toca el pavimento de la caverna; todos estallamos en un aplauso de alivio y gritos de alegría; saltamos y bailamos como idiotas, abrazándonos con los técnicos y los ingenieros. Nos damos cuenta de que lo lograremos; nada podrá detener el CMS.

¿SABES QUE EN EL LEP HAN DESCUBIERTO EL HIGGS?

En los quince años que duran la construcción del LHC y sus experimentos se abre un umbral para el descubrimiento del Higgs. Durante la primera etapa de recolección de datos del LEP, cuando el acelerador centraba sus esfuerzos en estudiar la partícula Z, las investigaciones sobre el Higgs habían producido resultados negativos; lo único que se había conseguido era determinar un límite inferior a la masa de la fantasmal partícula. Las investigaciones se volvían cada vez más interesantes conforme el LEP aumentaba la energía de sus colisiones. Entre 1995 y 2000, mientras nosotros combatíamos contra todo tipo de problemas para construir el LHC, el LEP alcanza los 209 GeV; es entonces cuando ocurre algo.

Todavía recuerdo la mueca de preocupación con que entró en mi despacho uno de los jóvenes del grupo durante el año 2000, para decirme que corría la voz por la cafetería de que uno de los experimentos del LEP había dado con el Higgs en una masa de 114 GeV. Pronto el asunto pasó a ser del dominio público y en septiembre se organizó un seminario para presentar los resultados. Realmente parecía que habían encontrado algo. En varios experimentos aparecían unas tímidas señales y los datos eran bastante coherentes, a pesar de que el número de eventos observados era excesivo respecto a los previstos por el Modelo Estándar.

Surge una acalorada discusión con la administración del CERN, cuyo director en aquel momento era Luciano Maiani. Hay que tomar una decisión lo antes posible. Los planes prevén que se cierre el LEP a finales de 2000 para empezar a instalar los imanes del LHC. Cada retraso tendría repercusiones importantes sobre los tiempos de la nueva máquina. Y justo durante las últimas semanas, salen a la luz estas averiguaciones que parecen indicar que el Higgs está justo ahí, a la vuelta de la esquina, a 114 GeV; solo hacen falta un par de meses más de trabajo, quizá un año, y el LEP llevará a cabo el descubrimiento del siglo.

Los días se suceden entre tensiones y debates. Al final Maiani les concede unas semanas más para recoger datos, pero cuando ve que las dudas que rodean la firmeza de la señal no se disipan, corta por lo sano y decide clausurar la vieja estructura. Recibe ataques furibundos por parte de los físicos del LEP: se rompen amistades, vuelan ofensas por doquier, nacen rencores duraderos. Durante años, quienes creyeron en la veracidad de la señal del LEP se dedicarán a declarar a los cuatro vientos que el Higgs ya se había descubierto, que su masa es de 114 GeV y que el LHC no hizo otra cosa que redescubrirlo, pero al final se sabrá que no se trató más que de una maligna fluctuación estadística como tantas otras; es algo muy habitual, particularmente cuando un acelerador se acerca a la fecha prevista para su cierre. Maiani tenía razón: aunque hubieran seguido recogiendo datos no habría sido posible localizar un objeto de 125 GeV en el LEP. Cuando, después del descubrimiento del Higgs, le pregunté a Maiani cuántos de los que lo habían insultado habían ido a presentarle sus disculpas, o simplemente le habían dado la razón, Luciano se limitó a responderme con una sonrisa.

Tras el cierre del LEP será el Tevatrón, en Chicago, quien recoja el testigo de la caza al Higgs mientras dure la construcción del LHC. Animados por el descubrimiento del quark top en 1995, los científicos del Fermilab deciden aumentar al máximo la luminosidad del acelerador y mejorar los detectores utilizando incluso algunas de las tecnologías desarrolladas para el LHC.

Durante los primeros años del nuevo siglo se le abre al Tevatrón una oportunidad para descubrir el Higgs. Así, combinando la masa del top y del W con las medidas de precisión del Z, consiguen informaciones indirectas sobre la masa del Higgs que parecían indicar valores bajos, cercanos a esos 114 GeV que generaron tantas esperanzas en el LEP. Allí, el Tevatrón todavía puede tener un golpe de suerte, arrebatándole al LHC su objetivo principal y vengando de alguna forma la humillación que supuso el cierre del SSC.

LA GRAN FIESTA Y EL VIERNES NEGRO

Después de un esfuerzo enorme y muchas peripecias, todo está listo para el arranque. El gran momento está a punto de llegar; empieza la gran aventura. El acelerador ha sido completado, ha pasado muchísimas pruebas, ha alcanzado la temperatura operativa y puede empezar a hacer circular haces de partículas. Los detectores están listos; hemos trabajado duro para conseguir instalar y hacer funcionar los últimos componentes, pero al final lo hemos logrado. El CMS ha llegado puntual a la cita.

Es difícil describir el entusiasmo irrefrenable y contagioso que reinaba aquellos días entre nosotros. Después de pasar años al borde del fracaso más estrepitoso hemos llegado, excitados, seguros de que descubriremos algo; no solo el Higgs sino también la supersimetría, y por qué no, los nuevos estados de la materia que prevén las teorías de las extradimensiones.

Recuerdo aquel periodo como una especie de estado de embriaguez; quizá lo que ocurrió después está ligado de alguna forma a este exceso de confianza que nos cegaba en aquella época; esa arrogancia, la *hybris* tan bien descrita por los clásicos griegos, que invade a los hombres cuando se exaltan tras llevar a cabo grandes empresas para luego ser castigados y arrastrados a la catástrofe.

Es el 10 de septiembre de 2008 y todo está listo. Esta vez el CERN se prepara a lo grande e invita a cientos de periodistas.

Es la primera vez que se enciende un acelerador bajo los focos de medios de todo el mundo. Durante las semanas frenéticas que preceden el encuentro con los periodistas, Fabiola, Jim Virdee, Peter Jenni y yo tenemos que encontrar tiempo para asistir a un curso de formación sobre cómo comportarse frente a los medios. Un par de experimentadas periodistas de la BBC nos preparan durante horas, nos entrenan para responder a las preguntas más agresivas y nos enseñan los trucos del oficio para evitar las trampas.

Al miedo, totalmente irracional, de que la inauguración del LHC puede provocar el fin del mundo se suma un interés creciente. Estamos todos desesperados por este exceso de atención al que no estamos acostumbrados; nos aturde la cantidad de estupideces que circulan tanto en periódicos como en la red, así como las peticiones continuas de entrevistas y comentarios que nos hacen perder el tiempo. En cambio, las personas de la oficina de comunicación del CERN están radiantes. El miedo al agujero negro que engullirá el mundo ha generado una convulsa atención hacia lo que está ocurriendo en Ginebra, y ellos ven la oportunidad de acercar al público general los temas científicos de los que está alejado habitualmente.

Son las 10.28 cuando se inyecta el primer paquete de protones, que cumple su primera vuelta y acaba chocando felizmente contra una plaqueta de cerámica dejando una preciosa huella elíptica; es la prueba de que todo ha salido como debía. La sala de control se funde en aplausos. Rubbia y Lyn Evans celebran juntos los primeros gemidos de su criatura.

También en las salas de control de los experimentos el entusiasmo está por las nubes; vuelan tapones de botellas de champán y es el momento de la ronda de entrevistas en directo: la BBC, la CNN, Al Jazeera y muchas otras. Me doy cuenta de que el mundo del periodismo está metido hasta el cuello en el tema porque tengo que hablar con los equipos de las tres cadenas de la RAI: Tg1, Tg2, Tg3.

Todavía recuerdo con cierta amargura cuando, un año antes, llamé a la dirección del Tg1 para avisar de que la BBC preparaba una emisión en directo del descenso a la caverna de la parte central del CMS; me pareció que la RAI también debía enviar a alguien. Al final les fue imposible porque, cito textualmente: «Profesor, esta es la semana del festival y tenemos a todos nuestros equipos en San Remo cubriendo el evento musical». Hasta que no sobrevino el miedo al agujero negro la RAI no se convenció de que quizá valía la pena ocuparse de alguna otra cosa aparte de la canción ligera.

El 10 de septiembre de 2008 fue una gran fiesta que presenció el planeta entero. No se creó ningún agujero negro y la máquina más compleja del mundo funcionó exactamente como estaba planeado. Se puso en marcha a la hora prevista y los haces circularon sin estorbo entre caras de alegría y brindis en directo.

Pero la euforia dura poco y sale cara. Al cabo de apenas diez días, el viernes 19 de septiembre, una estúpida soldadura defectuosa provoca un desastre que nos obligará a parar durante más de un año.

Son las 11.18 cuando durante unas operaciones rutinarias los encargados de la sala de control se percatan de que algo grave está pasando. Los ocho sectores que componen el anillo de 27 kilómetros tenían que probarse antes de arrancar con las operaciones. Se había establecido un protocolo de prueba muy claro que incluía hacer circular corriente por los imanes hasta producir el campo nominal, que mantiene en órbita los protones acelerados hasta 7 TeV. En realidad no pudimos completar

la prueba en todos los sectores; muchos se probaron solo hasta medio campo, otros solo alcanzaron el valor nominal. Los
retrasos acumulados terminaron por repercutir en la prueba
del último sector, el 3-4, el que pasa bajo el Jura. Puesto que la
fecha de la inauguración del LHC ya había sido fijada, al final
se decidió postergar la prueba hasta después de la inauguración; efectivamente, el 10 de septiembre las cosas fueron a pedir de boca, pero ahora era necesario completar las pruebas
haciendo circular corrientes intensas también en los imanes
del último sector. Y es entonces cuando ocurre lo que nadie
podía imaginar.

En una de las últimas fases de secuencia de la prueba, cuando una corriente de 8.700 amperios recorre los imanes, antes
de llegar a los 10.000 que habrían sido necesarios, sucede lo inevitable. Todavía recuerdo el temblor en la voz de Francesco,
uno de los muchos jóvenes ingenieros italianos que pasaron
meses en el túnel preparando, uno tras otro, cada sector, y que
estaba en la sala de control cuando ocurrió el accidente: «Parecía una película. Se encendieron decenas de alarmas y las cámaras del túnel mostraron una niebla densa; había una fuga
masiva de helio».

Al principio el comunicado oficial del CERN hablará de un
inconveniente que comportaría un retraso de un par de meses.
Cuando, al cabo de unas semanas, Lyn Evans y un grupo de ingenieros bajan al túnel a verificar lo ocurrido, lo que ven es
espeluznante. Se han desplazado varios imanes. La explosión,
porque de una explosión se trata, ha movido como si fueran
ramitas objetos de más de 27 toneladas y doblado decenas de
recios tubos de acero. La delicada cámara de vacío, donde hasta diez días antes circulaban protones, se ha roto por varios si-
tios y ha quedado contaminada a lo largo de cientos de metros

por un polvo mortal que se ha pegado a las paredes. Se han perdido cuatro toneladas de helio líquido, evaporándose de repente e invadiendo cientos de metros del túnel; todo está helado y al entrar en contacto con la humedad del aire se recubre de una capa de hielo y escarcha. En el túnel congelado no hay oxígeno por culpa del helio que lo impregna todo, lo cual lo hace impracticable durante al menos unas semanas. Es un verdadero desastre.

Tras el análisis del accidente, se llega a la conclusión de que la culpa es de una soldadura defectuosa, una de las 12.000 conexiones entre imanes. Algo no ha funcionado como se esperaba y se ha creado una zona donde la resistencia era mayor de lo debido; con el paso de 9.000 amperios, aquel minúsculo trecho se calentó lo suficiente como para producir la transición y fundirse inmediatamente, provocando una chispa que agujereó el contenedor de helio líquido; el resultado fue una onda explosiva que ha dañado decenas de imanes y otros componentes menores del acelerador.

Emilio Picasso, que había pasado noches en vela por culpa de las dificultades de las excavaciones del LEP cuando toda una zona quedó inundada, fue de los pocos que no se sorprendió de lo ocurrido. Una noche, durante una cena, me dirá: «Desde que se inundó, supimos que el sector 3-4 nos daría muchos más problemas. Allí el aire está cargado de humedad. A pesar de que hayamos hecho de todo por aislar e impermeabilizar el túnel, si dejas al descubierto un cable durante un par de horas te lo encontrarás oxidado; y si no lo limpias adecuadamente la soldadura seguramente será defectuosa».

Las consecuencias del accidente son graves. Como de costumbre Lyn Evans lo definió de forma seca y eficaz: «Esto ha sido como un puñetazo en los morros; nos han dejado para el arrastre». Muy pronto se hace evidente que necesitaremos más de un año para completar la reparación; además, corremos el riesgo de que no funcione de nuevo. ¿Cuántas soldaduras defectuosas pueden esconderse entre las miles de interconexiones entre imanes? El accidente ha revelado una debilidad en los controles de calidad que podría golpear de nuevo. Hay que poner remedio, controlar que todo esté bien y asegurar todo el sistema. Los imanes irremediablemente dañados pueden sustituirse, pero si vuelve a ocurrir un accidente de este tipo sería el fin de nuestras provisiones y tendríamos que cerrar el acelerador. Las líneas de producción de imanes han sido desmanteladas y necesitaríamos años para volver a activarlas.

Abrir todas las conexiones y reparar cada soldadura significa detener la actividad del LHC durante al menos dos años. Al final se opta por correr un riesgo calculado: se sustituirán los imanes dañados y se tomarán todas las precauciones necesarias para mitigar los efectos de posibles incidentes venideros, a fin de poder arrancar de nuevo en 2010 y seguir adelante con la recolección de datos a lo largo de 2011, pero el LHC no podrá funcionar a la energía que habíamos pensado, sería demasiado arriesgado; empezaremos con 7 TeV y la luminosidad será inferior a la prevista. En 2012 empezaremos a reparar conexiones y quizá dentro de unos años podamos poner el acelerador a su máxima energía.

Los efectos del accidente dentro de todos los equipos que colaboraban fueron terribles, sobre todo para los jóvenes; en sus ojos había rabia, desilusión y frustración. Durante el invierno de 2008-2009 me reúno con cientos de ellos para escucharlos, buscar solución a sus problemas o sencillamente dejar que se desfoguen; algunos de ellos llevan años esperando los datos para escribir su tesis y buscarse un trabajo; otros han fijado ya la fecha de su boda y esperan casarse con un título bajo el brazo; hay quien tiene becas que acabarán pronto y contratos que terminarán mucho antes de que el acelerador vuelva a trabajar. En la medida de lo posible, se buscan soluciones para ayudar o limitar los daños, pero hay varios jóvenes que, muy a su pesar, tienen que marcharse.

En cuanto a nosotros, está claro que nos toca replantearnos nuestras prioridades científicas. «Olvidad el Higgs, muchachos» es a grandes rasgos la traducción de la nueva situación. Con un acelerador que estará operativo teniendo la mitad de la energía prevista y una luminosidad cien veces más baja no hay esperanzas de descubrir la partícula de Dios. Lo que más nos fastidia es que este tropiezo le dará al Tevatrón la oportunidad de llegar a la meta antes que nosotros. Después de años de incógnitas y esfuerzos corremos el riesgo de ver cómo se nos escapa de las manos el sueño que tanto hemos perseguido.

5

POR FIN

EL MÁGICO TOQUE DE GUIDO

Sala de control del CMS en Cessy,
30 de marzo de 2010, 8.54

Las vacas pastan en el prado que hay ante el ascensor que baja a la caverna; parecen totalmente indiferentes a la excitación que se percibe en el P5, sede del CMS. Hace semanas que el intenso tráfico de camionetas blancas del CERN y los coches particulares de vecinos de la zona indica que va a ocurrir algo importante. Todos los expertos hacen turnos de ocho horas para cubrir la jornada completa.

Hay mucho nerviosismo en la sala de control: todo el mundo recuerda lo sucedido el 23 de noviembre de 2009. Aquel día, el LHC logró ponerse en marcha después de la avería del año anterior y produjo las primeras colisiones a 900 GeV, pero debido a una serie de inconvenientes el CMS fue incapaz de generar las fotografías a todo color que son la representación gráfica de los choques entre protones. A los demás experimentos les iban mejor las cosas: nuestros colegas del ATLAS habían sido capaces de sacar las primeras fotografías de las colisiones y sus imágenes llenaban las páginas de todos los periódicos del mundo y los telediarios. La frustración de los chicos del CMS, que habían trabajado semana tras semana tratando de llegar a tiempo, era notable. En sí, el asunto no era grave, pero subrayaba una vez más que el ATLAS era el primero de la clase y el CMS el eterno segundón; y ninguno de nosotros podía soportarlo. Así que nos dijimos que no volvería a ocurrir, que ahora que el experimento estaba despegando de nuevo no podíamos permitirnos ni un retraso más. Nosotros seríamos los primeros en anunciar colisiones de alta energía y repartiríamos por el mundo imágenes con nuestro logo bien visible.

Después de las intervenciones del año pasado la máquina ha vuelto a funcionar correctamente, y por ahora todo marcha según lo planeado, pero el momento de la verdad todavía no ha llegado. Esta mañana realizaremos las primeras colisiones a 7 TeV, la energía prevista para el LHC durante 2010. Lo hemos controlado todo hasta la saciedad. Hemos realizado simulaciones y pruebas de cada procedimiento y estamos listos para afrontar cualquier inconveniente. En la sala de control están los mayores expertos de cada detector y los mejores programadores de software; son un grupo de chicos y chicas jovencísimos procedentes de los cinco continentes, que me rodean serios mientras ultiman los preparativos.

Entonces sucede lo imprevisto: el LHC no acaba de arrancar. Lo intenta una vez y pierde el haz. Lo intenta una segunda vez y ocurre exactamente lo mismo. La noche anterior, todos habíamos visto cómo los del LHC realizaban su prueba sin problemas. Habían llevado a cabo algunas colisiones para cerciorarse de que todo estaba bajo control y todo había ido sobre ruedas; lo habían conseguido en varias ocasiones. Habíamos acordado no mencionar las pruebas nocturnas, porque oficialmente las colisiones solo podían realizarse durante la mañana. A los periodistas se les había informado de que todo empezaría a las nueve; el CERN quería volver a arrancar el LHC ante sus ojos para despejar cualquier sombra de duda causada por el accidente de 2008, pero parece que ahora el LHC no tiene intención de obedecer a los comandos de los operadores. Es mediodía, y después de tres horas de tentativas sigue sin haber resultados. En la sala de control cunde el nerviosismo. Algunos periodistas ya están redactando notas de esta guisa: «Tenía que ser un gran día para el LHC, en cambio, el acelerador, que ya sufrió una gran avería en 2008, se niega a funcionar a 7 TeV...». Puedo ver el miedo en los ojos de los chicos que me rodean; es entonces cuando hago algo inusual, para aliviar la tensión. Mientras el LHC se prepara de nuevo para intentar una colisión, me acerco al monitor que muestra el estado de los haces y apoyo las manos en él, como si realizara un conjuro; luego exclamo en voz alta, en italiano: «¡Ya está bien! Pongamos en marcha el p... acelerador». Acto seguido mis compatriotas prorrumpen en carcajadas; los demás tardan apenas unos segundos más, lo justo para que circule la traducción de lo que acaba de decir el portavoz y, sobre todo, para que alguien explique qué está haciendo con las manos apoyadas en el monitor. Alguien me fotografía en esa posición con el móvil y la foto circula por ahí con el titular «El mágico toque de Guido». Para desconcierto de todos, mientras mantengo las manos sobre el monitor, este intento da resultado: las primeras colisiones a 7 TeV ocurren ante nuestros ojos y somos los primeros en difundir por el mundo nuestras maravillosas imágenes.

La sala de control estalla en gritos de júbilo y entusiasmo; luego todos me rodean y el fotógrafo del CERN capta una imagen de un grupo de muchachos entusiasmados, con los ojos brillantes, que elevan sus manos al cielo, y en el centro un señor con traje y corbata, bastante mayor que ellos; la foto dará la vuelta al mundo y será uno de mis recuerdos más preciados.

LA VIDA DE PORTAVOZ

Dos meses después del accidente de 2008 había tomado posesión del cargo la nueva administración del CERN. La tradición dicta que los cargos vayan rotando; así, después de un inglés, un italiano y un francés, le había llegado el turno a un alemán. El Consejo del CERN, que representa a veinte estados miembros de la organización, escogió a Rolf Heuer. Sí, el mismo, el físico alemán que nos hizo de *referee* en los albores del CMS. Como director de investigación, Rolf escogió a Sergio Bertolucci, un físico italiano que durante años había sido director del laboratorio INFN de Frascati y al que conozco desde mi época en el instituto en La Spezia. Al cabo de un tiempo nuestros caminos se separaron pero siempre hemos mantenido una complicidad natural, entre nosotros sobran las palabras. En ocasiones basta una mirada para que nos entendamos; es lo mismo que les sucede a los viejos marineros cuando se encuentran casualmente al cabo de los años, son capaces de retomar el hilo de la conversación donde lo dejaron la última vez.

Antes de tomar posesión del cargo, Rolf y Sergio se habían visto con el desastre del LHC entre las manos. Es difícil imaginar un inicio más traumático. Les tocó reparar los daños y encontrar soluciones para volver a arrancar la enorme máquina, cuidándose de no correr riesgos innecesarios. Lyn Evans también había completado su mandato y necesitaba encontrar a alguien que levantara de nuevo el LHC. Steve Myers fue el elegido.

Steve es un irlandés que pasó su infancia en Belfast durante los años más duros de la guerra civil. No le teme a nada. Todo el mundo recuerda un enfrentamiento que tuvo con Carlo Rubbia, cuando este ya era nobel y director del CERN. Durante una discusión, Carlo amenazó con despedirlo; se acercó gritando e inclinó el corpachón hacia el lugar donde estaba sentado Steve, que es un hombre enclenque y de baja estatura. Entonces Steve, impávido, se irguió ante un Carlo furioso y le clavó una mirada que no auguraba nada bueno. Milagrosamente, Rubbia se tranquilizó. Pocas personas en el mundo —y menos en nuestro ambiente— habrían sobrevivido a este enfrentamiento, pero Steve es una persona muy especial. Era el hombre idóneo para volver a arrancar cuando todo parecía perdido; necesitábamos su incuestionable determinación para devolverle el coraje a un equipo decepcionado y asustado, arreglar la máquina y arrancar. Y Steve lo consiguió.

Durante meses, cientos de ingenieros y técnicos trabajaron a destajo para arreglar el desastre del viernes negro del LHC. Se sustituyeron 53 dipolos, se instalaron cientos de válvulas de seguridad nuevas y se efectuaron miles de mediciones de las interconexiones entre imanes. El gasto general ascendía a más de 25 millones de francos, pero no fue en vano. El 21 de noviembre de 2009 el LHC estuvo operativo de nuevo y rápidamente volvieron a circular los haces sin problemas. Dos días después tuvieron lugar las primeras colisiones a 900 GeV, y al cabo de una semana se colisionaron protones a 2,36 TeV en el centro de masa. Por fin, el LHC era el acelerador más potente del mundo.

El golpe de 2008 fue tremendo incluso para nosotros, los del CMS y el ATLAS. Pasamos meses dificilísimos; parecía que la desilusión y el desaliento iban a poder con nosotros. Luego sobrevino una sensación de orgullo lúcida y racional, pero, igual que sucedía durante los años de los pioneros, aderezada con una pizca de locura. Si uno se fijaba en la mirada de los que se arremangaban lo percibía claramente: «Lo probaremos igualmente. Hemos superado muchas adversidades antes de poder construir estas joyas de la tecnología, y no vamos a detenernos ahora». La cosa se ponía seria.

Ahora Fabiola y yo estábamos a cargo de los experimentos. En 2009 habíamos sido seleccionados mediante el particular mecanismo que caracteriza a nuestras organizaciones. Los portavoces mantienen su cargo durante un número determinado de años; en el CMS el periodo es fijo: dos años. En el ATLAS existe la posibilidad de ser reelegido y mantener el puesto durante cuatro años. En la votación participan los representantes de todos los laboratorios y las cerca de 150 universidades que forman parte del experimento, no sin antes mantener discusiones que implican a miles de miembros de los equipos de colaboración. Durante su mandato, el portavoz carga con la responsabilidad de las decisiones y es el representante del experimento frente a la comunidad científica internacional. Su cometido principal es el de conseguir los mejores resultados. Para ello debe ser capaz de organizar el trabajo de la forma más eficiente posible: el funcionamiento de los detectores y la recolección de datos, el software de reconstrucción y la computación, el análisis de resultados y la publicación de artículos. Tiene un fuerte poder ejecutivo puesto que es él quien decide las prioridades, dice dónde concentrar los recursos y nombra a las personas encargadas de dirigir cada actividad, pero su función no puede equipararse a la de un consejero delegado de una empresa, o a un responsable político, porque no tiene poder alguno sobre los investigadores a los que coordina. Los equipos de colaboración están formados por hombres y mujeres libres cuyas carreras y sueldos no dependen de este proyecto.

El ATLAS y el CMS son colaboraciones gigantescas: cada una cuenta con más de tres mil miembros distribuidos en cuarenta países. ¿Cómo es posible dirigir a tanta gente sin poder dar una de cal y otra de arena, sin la posibilidad de aumentar el sueldo o poner sanciones? Nuestra organización hace que los profesionales de la decisión se estremezcan porque parece una utopía en marcha, una anarquía organizada.

Quien se embarca en aventuras que bordean lo imposible lo hace porque tiene un espíritu rebelde. Uno no escoge la física fundamental porque le gusta dar o recibir órdenes, sino porque lo guía una pasión ardiente; acepta el desafío y sacrifica sus fines de semana y sus noches con tal de comprender si el bosón de Higgs existe realmente o si vivimos en un mundo de más dimensiones. Es fácil dirigir una comunidad de gente tan motivada y bien seleccionada. El papel del portavoz se parece al del director de una gran orquesta. En nuestro campo, los músicos conocen al dedillo las partituras y a su vez muchos sabrían dirigir. La orquesta escoge a uno para que suba al podio durante un par de temporadas. Los demás conocen su estilo y su forma de interpretar la música y aceptan que los dirija; él tiene que mantener su competencia y rigor en cada ejecución, y ganarse la estima de los demás. No se puede guiar una organización como el CMS sobre la base de un principio de autoridad. El proceso científico requiere que las ideas circulen y perviva una crítica feroz; además, se nutre de gente libre propensa a cultivar puntos de vista originales e ideas innovadoras.

La vida del portavoz no es en absoluto monótona. Un cincuenta por ciento de su trabajo es de lo más rutinario: reuniones ejecutivas, informes financieros y administrativos, relaciones con las agencias de investigación, etcétera, pero también hay una gran parte de trabajo interesante: discusiones sobre la estrategia a seguir, aprobación o rechazo de los resultados de los análisis, nuevos instrumentos de análisis o nuevas ideas que perseguir. Luego están las crisis y las emergencias.

Los detectores son maravillas de la tecnología pero son aparatos sumamente complejos; cualquier nadería puede comportar daños irreparables. En ocasiones recibes llamadas a las dos de la madrugada porque en el P_5 uno de los imanes está goteando; así, tanto el portavoz como el coordinador técnico tienen que acudir con otros miembros del equipo. Tras ponerse los cascos hay que bajar a la caverna y averiguar qué está pasando; así descubres que uno de los ochocientos estúpidos conectores de los tubos de refrigeración de uno de los tantos sistemas ha empezado a perder. Entonces hay que adentrarse en los recovecos del detector para acceder a una válvula y cerrar el circuito que pierde mientras se intenta dominar el miedo. ¿Quién puede asegurarnos que el escape de agua no haya dañado irremediablemente la cámara de muones? ¿Y qué pasará con esa maraña de cables que nos hemos encontrado totalmente empapada? Las próximas semanas se dedicarán a reparar los daños y averiguar qué ha podido causar la avería. Se llevan a cabo infinidad de pruebas para acabar descubriendo que hay una parte del conector que con el tiempo se corroe y cede; entonces se aboga por no correr riesgos y sustituir todos los conectores. Se realiza un plan de trabajo, se buscan nuevos conectores, más robustos, y se cambian las prioridades, pues la sustitución nos costará 800.000 francos, que habíamos pensado invertir en otras cosas.

Otra posible emergencia surge cuando un técnico nos informa de que ha realizado una maniobra equivocada con el puente grúa y teme haber dañado el tubo de vacío. Ha ocurrido mientras volvía a colocar en su posición el calorímetro de ángulo pequeño; parece apenas un juguete si se compara con el cuerpo del CMS, pero es un objeto de 20 toneladas. El juguetito ha acariciado la cámara de vacío del LHC, el objeto más frágil de todo el aparato, un delicado tubo de aluminio y berilio que contiene el ultra-alto vacío. La más mínima hendidura podría hacerlo implosionar, lo cual sería un desastre para nosotros y para el acelerador; comportaría daños irreparables en el CMS y meses de retraso para el LHC. Al final, después de semanas de controles, podemos respirar aliviados. De este modo, se demuestra una vez más la eficacia del inusual procedimiento que introdujimos desde la fase de construcción: quien avise enseguida de un error que haya cometido no será castigado sino premiado. Puede parecer extraño, pero es de lo más lógico. Todos cometemos errores, siempre. Y si estos errores no salen a la luz por miedo a un posible castigo podrían convertirse en auténticas bombas de relojería escondidas en un aparato tan complejo. Es mucho mejor afrontarlos abiertamente y buscar rápidamente una solución, elogiando a quien avisa y asume la responsabilidad de su error.

SARKOZY, EL TOUR DE FRANCIA Y LA «IDEA LOCA»

En marzo de 2010 el LHC empieza a producir colisiones a 7 TeV, y de repente cunde el entusiasmo. Llevamos tanto tiempo esperando datos que nos habíamos olvidado de la embriaguez que genera ser los primeros en observar un mundo completamente nuevo donde las sorpresas pueden estar a la vuelta de la esquina. Para los más veteranos, que han asistido a todas las fases de la construcción y están completamente involucrados en el proyecto, han pasado años desde la última vez que realizaron análisis. Para los jóvenes, en cambio, es una experiencia totalmente nueva: se abalanzan sobre los datos recogidos con la voracidad de un banco de pirañas del río Amazonas. Los datos se analizan y se digieren, para luego darles la vuelta al cabo de pocos días como si fueran calcetines. Es todo un espectáculo asistir a las presentaciones que los chicos hacen de los resultados: en pocas semanas se redescubren todas las partículas del Modelo Estándar.

Esta actividad es fundamental en la búsqueda de nueva física. Nadie creerá jamás que hemos descubierto a SUSY o el bosón de Higgs si antes no demostramos que somos capaces de redescubrir todas las demás partículas conocidas; hacerlo bien y deprisa significa, por otro lado, contar con una sólida ventaja; en primer lugar porque hay que calibrar atentamente los nuevos detectores. Retomando la analogía de la música: hay que interpretar toda la música conocida para estar seguros de que tenemos bien afinados los instrumentos. Solo después de haber realizado esta operación podremos interpretar una partitura completamente nueva.

Es oportuno recordar que los procesos del Modelo Estándar son los «arbustos» detrás de los que se esconden los nuevos «animales» que buscamos. Cada nueva partícula que aparezca en nuestros datos se presentará mediante señales que podrían confundirse con otras, muy similares, producidas por procesos que ya conocemos. Hay que estudiarlas con mucha precisión y cuantificarlas con rigor, para estar seguros de captar cualquier producción anómala, cualquier exceso de eventos que pudiera ser decisivo. Nos acogemos al dicho que el viejo poeta persa le expuso a su joven aprendiz: «Si quieres ser poeta, primero tendrás que aprender de memoria todas las poesías escritas hasta hoy... y luego deberás olvidarlas todas».

El acontecimiento más importante del año es la Conferencia de Física de Altas Energías, que este año tendrá lugar en París. Cientos de físicos procedentes de todos los rincones del planeta se reunirán y esperarán nuestros resultados; son los primeros del LHC, y Fabiola y yo tenemos que presentarlos.

Es el 26 de julio de 2010 y París resplandece de luces y colores. Ayer acabó el Tour de Francia y encontré un momento para desconectarme del ordenador, acercarme a la abarrotada orilla del Sena y ver a Contador y los demás corriendo hacia los Campos Elíseos. Cuando empieza la conferencia a primera vista resulta impresionante. Estoy acostumbrado a hablar delante de cientos de personas, pero la gran sala del Palacio de Congresos de la Porte Maillot, con sus 1.750 asientos ocupados, me infunde cierto respeto.

La conferencia se abre con una intervención inusual. El primero en hablar será Nicolas Sarkozy, el presidente de la República. Poco antes del inicio de la conferencia nos presentan; intercambiamos algunas formalidades, pero yo me fijo más en su lenguaje corporal. Me sorprende ver a un hombre inseguro que enmascara su propia fragilidad tras un comportamiento altivo y unos modales arrogantes. No me cae simpático, pero el discurso que pronuncia es significativo. Habla sobre el papel de la investigación en Europa y dice cosas que me gustaría oír en boca de todos los gobiernos: que reducir las inversiones en investigación en momentos de crisis es una locura y que Europa tiene que conservar, e incluso incrementar, su liderazgo en la física de altas energías.

Cuando nos toca hablar a Fabiola y a mí se hace el silencio en la sala. Los resultados que presentamos son impresionantes. El LHC lleva pocos meses en marcha, pero ambos experimentos han demostrado poseer todos los ingredientes decisivos. Proyectamos gráficos y mediciones sobre W y Z, enseñamos los primeros candidatos top, discutimos los primeros resultados de nuestras investigaciones sobre nuevos fenómenos en 7 TeV. Nadie duda de que el ATLAS y el CMS están bien preparados. Cuando bajo de la tarima, después de responder a las preguntas, me siento satisfecho: lo hemos conseguido. Tanto Fabiola como yo hemos superado el examen y sabemos que hemos dado en el blanco, pero nuestro buen humor dura poco.

Cuando les toca el turno a los colegas del Tevatrón me doy cuenta de lo que está pasando; no hay razones para estar contento. Durante el último año el acelerador americano ha funcionado a la perfección aumentando sistemáticamente su eficiencia y luminosidad. Además, los experimentos han intensificado sus esfuerzos en la búsqueda del Higgs. Han conseguido analizar nuevas formas de desintegración muy prometedoras y combinan de forma sistemática sus resultados. En resumen: han conseguido grandes avances y si no hacemos algo pronto nos dejarán atrás.

Durante la pausa para el café, la gente se reúne fuera de la sala. Rolf, Sergio, Steve, Fabiola y yo estamos de pie, apartados de la gente que se apiña alrededor de las mesas del bufé.

No nos hace falta decir nada; el mensaje nos ha llegado fuerte y claro a todos. Hay que cambiar la estrategia. El riesgo de que, después de todos nuestros esfuerzos, los del Tevatrón se apropien del descubrimiento delante de nuestras narices es demasiado grande. Nos miramos a los ojos preguntándonos qué podemos hacer, y la conclusión es unánime. Ante todo, hay que ampliar el periodo de recolección de datos; dejar las reparaciones para 2013 y recoger datos durante todo 2012; intentar aumentar la luminosidad y quizá también la energía, registrar más de 5 fb^{-1} (femtobarns inversos, una unidad de medida que indica la cantidad total de datos recogidos) y dejarse de historias; el Tevatrón no podrá seguirnos el ritmo. Si el Higgs existe, esté donde esté, tenemos que encontrarlo nosotros o borrarlo definitivamente del horizonte. Nos despedimos con la intención de verificar si realmente la situación tiene arreglo. Nos damos unos meses de margen para analizar todos los detalles: Steve se encargará del acelerador mientras Fabiola y yo produciremos simulaciones para los experimentos y Rolf sonderá la opinión del Consejo. Nadie dirá nada hasta que hayamos realizado las verificaciones oportunas. No han pasado ni diez minutos y la historia del LHC, quizá de la física de altas energías, ha dado un cambio definitivo.

ORGANIZAR EL CAMBIO DE ESTRATEGIA

El verano de 2010 me lo pasé discutiendo con mis colegas más agresivos y más de fiar. La primera persona con quien hablo es Vivek Sharma. Vivek nació en un remoto distrito de Bihar, en el nordeste de India, y como muchos otros alumnos brillantes viajó a Estados Unidos para doctorarse; y allí se quedó. Ahora es un joven profesor en San Diego. Hace unos meses lo puse a dirigir el grupo de análisis del Higgs. En comparación con los demás es un grupo reducido: únicamente está formado por veintisiete físicos, muchos menos de los centenares que constituyen los grupos que buscan la supersimetría o que se ocupan de los top. Esta diferencia refleja la convicción general de que al recolectar datos a 7 TeV las investigaciones sobre el Higgs no producirán resultados; más vale centrarse en otros objetivos más prometedores.

Vivek es amigo mío desde la época del LEP. Nos conocimos cuando aún era un estudiante en Wisconsin y trabajamos juntos en la alineación del minidetector de trazas de silicio que habíamos construido los de Pisa. Bastan pocas palabras para que Vivek se dé cuenta de la gravedad del asunto. No hay tiempo que perder, debemos obtener resultados antes de que llegue el otoño. Es necesario organizar inmediatamente un set de simulación para verificar si es cierto aquello que intuitivamente nos parece muy razonable: que con 5 fb^{-1} podemos lograrlo, pero antes habrá que diseñar una estrategia completamente nueva. Hasta el momento todos nuestros análisis se basan en la hipótesis de que tenemos a disposición cientos de fb^{-1} recolectados a 14 TeV. Con estas condiciones descubrir el Higgs habría sido un juego de niños. Todos nuestros estudios decían que lo único que había que hacer era concentrar nuestros esfuerzos en una única forma de desintegración por cada región de masa y descubriríamos el Higgs.

Con el LHC a 14 TeV habría sido como estar en un hotel de 5 estrellas, donde pides lo que quieres y te traen el desayuno a la cama. Pero nuestros sueños de grandeza se esfumaron tras el incidente de 2008; nos despertamos en un refugio de montaña donde para calentarte tienes que apañártelas y si no tienes nada para comer ni leña que echarle al fuego castañeas los dientes y pasas hambre.

Con 7 TeV y 5 fb^{-1} todo es más difícil. Ninguno de los canales de desintegración del Higgs podrá suministrarnos por sí solo señales lo bastante concluyentes; no nos queda otro camino que combinar el máximo número posible de canales de desintegración. Pero para ello hay que poner a trabajar a cientos de personas; y no solo en la región de masa más baja, entre 115 y 150 GeV, es decir, la zona de mayor probabilidad de acuerdo con lo que sabemos gracias a las mediciones precisas del Modelo Estándar. En esa zona tendremos que llevar a cabo un esfuerzo sobrehumano si queremos albergar alguna esperanza. Deberemos volver a empezar en todos los aspectos, mejorando los análisis para hacerlos todavía más precisos; tendremos que inventar nuevas técnicas de selección de señales de interés y echar por tierra todos los estudios hechos hasta el momento; después, volver a empezar con análisis más detallados y calibraciones más precisas.

Mientras se llevan a cabo las simulaciones que se utilizarán para oficializar el cambio de estrategia, durante el verano se emprende una verdadera campaña de debate para organizar el esfuerzo. Hay que convencer a cientos de personas de que cambien por enésima vez sus planes y se lancen a una empresa que puede parecer desesperada; para tener alguna posibilidad de éxito tienen que concentrarse las mejores fuerzas de los equipos que colaboran, las mejores universidades, los jóvenes más brillantes.

Invierto varias semanas en reunirme con docenas de grupos. Todavía recuerdo lo difícil que me resultó convencer a mis colegas profesores que dirigían los grupos de investigación. Desaprobaban la idea porque no querían cambiar fórmulas que ya estaban en marcha y estudios en los cuales se habían invertido años de preparación. Pero cuanto más repito que será una tarea difícil, más insisto en la necesidad de crear nuevos métodos de análisis; y siento que los ojos de los jóvenes que participan en la reunión se iluminan de una forma extraña. De este modo conseguimos reclutar las mejores mentes entre los miles de jóvenes que participan en el proyecto.

Al cabo de pocos meses docenas de grupos y cientos de jóvenes brillantes se unen al esfuerzo. Cuando, durante el verano de 2011, un año después de la reunión en París, hagamos un censo de las fuerzas, veremos que el grupo del Higgs del CMS ha superado los quinientos individuos. Cientos de chicos y chicas se habrán puesto a estudiar innovadores métodos para dar caza al fatídico bosón. Si hoy el mundo entero celebra este éxito de la ciencia el mérito es en gran parte suyo, de todos y cada uno de estos chicos que han sabido aceptar el desafío con el entusiasmo y la pasión que solo los jóvenes poseen cuando se les encargan grandes responsabilidades y se confía en ellos.

DUROS INTERCAMBIOS DE GOLPES CON ATLAS

En cuanto empezamos con las mediciones a 7 TeV, el CMS demuestra ser más rápido que el ATLAS en producir resultados. Es algo que teníamos previsto: nuestro experimento es más simple de calibrar y alinear. Por otro lado, el campo magnético fuerte y la combinación de detectores de trazas con los de muones permiten mayores prestaciones. En pocos meses, el CMS publica un gran número de artículos. Cuando se miden los mecanismos de producción y desintegración de los objetos más compactos, como el quark top, y se presentan los estudios

sobre fenómenos rarísimos como la producción de parejas de
W, todo el mundo advierte que estamos preparados para la
gran cacería. También el ATLAS obtiene buenos resultados,
pero cojea; siempre va unas semanas por detrás, a veces incluso un mes, y los artículos que publican son menos completos e
innovadores que los del CMS. La competición se pone cada
vez más dura.

La elección de mantener dos experimentos independientes
en el LHC es una estrategia del CERN. Imita una técnica que
lleva adoptándose desde los tiempos del UA1 y el UA2. La misma fórmula ha sido aplicada en el Tevatrón, donde compiten/
colaboran los experimentos CDF y Do. La búsqueda del bosón
de Higgs o de señales de nueva física es una operación sumamente complicada. Se buscan pequeñas e insólitas señales, a
menudo ocultas bajo fenómenos idénticos a los que se intenta
estudiar. Los experimentos modernos se construyen con tecnologías muy complicadas que esconden sutilezas y posibles dis-
funciones por doquier. El software que se utiliza para identificar los hechos interesantes, reconstruirlos y estudiarlos al
detalle está formado por millones de líneas de código. En esta
tesitura, cualquiera puede cometer un error o subestimar una
determinada causa de errores sistemáticos. El miedo es nuestro compañero de viaje más fiel. El hecho de pasar por alto algún detalle es nuestra pesadilla más recurrente, o bien creer
que hemos realizado un gran descubrimiento para luego darnos cuenta de que se trataba de un error banal. En ese caso
nuestra credibilidad, el bien más preciado, aquello que más
queremos, quedaría arruinada para siempre.

Por ello, en las grandes colaboraciones como el CMS siempre hay mecanismos de control y verificación activados para
protegernos, cuando menos, de los errores más graves. Pero

somos conscientes de que no siempre funciona a la perfección. De ahí que la coexistencia de dos experimentos constituya una especie de cinturón de seguridad, tanto para nosotros como para los resultados que queremos alcanzar. Dos grupos de investigadores independientes, que utilizan tecnologías diferentes y programas de software incompatibles entre sí, buscan las mismas señales; si uno de los dos hace algún descubrimiento el otro podrá verificarlo. Solo cuando ambos grupos lleguen a resultados similares se podrá estar razonablemente seguro de la veracidad de los mismos.

De forma inevitable este mecanismo comporta una feroz competencia; en cualquier momento, los colegas del otro experimento podrían anunciar algo importante. Esta situación crea un clima de tensión continua en equipos de colaboradores formados por científicos que llevan toda la vida soñando con ser los primeros en ver un nuevo estado de la materia. La competencia asegura que no se dejará nada por intentar, se explorarán todas las vías y se buscarán nuevas ideas para llegar a la meta.

Pero pese a ser feroz, esta competición asume formas peculiares, incomprensibles para quien se dedica a desarrollar un nuevo microprocesador o un nuevo fármaco, es decir, investigaciones que tienen un fuerte impacto económico; en estos campos rige una gran prudencia entre los grupos que compiten, ni siquiera los grupos que trabajan para la misma empresa intercambian ideas.

Entre nosotros es diferente. Las tecnologías que utilizan ambos grupos son bien conocidas y todo se publica; lo mismo vale para el software. No hay secretos, ni se ocultan informaciones que podrían dañar a otras colaboraciones. Si un experimento se avería y no puede recoger datos durante unas semanas, el otro

procura esperar a que solucione sus problemas. A pesar de la feroz competencia, el intercambio de favores es continuo. Ambos
grupos quieren llegar primeros a la meta, pero ninguno de los
dos aceptaría hacerlo de forma deshonesta.

Por este motivo es natural que entre Fabiola y yo exista un
duro intercambio de golpes, debido a la competencia científica, y por otro lado podamos mantener una relación de sincera
amistad. A menudo organizamos cenas en las que participan
Luciana, mi mujer, y algunos amigos comunes. Y hablamos de
cualquier cosa. Ella se interesa por mi hija Giulia, que baila en
la Ópera de Zúrich, una de las pasiones de juventud de Fabiola;
yo le recomiendo que descanse más, porque tiene los ojos can-
sados de quien no duerme bien. No hace falta decir que la búsqueda del Higgs nunca es objeto de discusiones privadas entre
nosotros. Los dos experimentos han demostrado públicamen-
te cuál es su objetivo, los canales que se han propuesto analizar y las técnicas que utilizarán. La carrera ha empezado: que
gane el mejor.

El CMS se anotará el primer tanto en nuestro intercambio
de golpes. Justo después de la conferencia de París se me informa de que uno de nuestros grupos de análisis ha encontrado
algo inesperado. Son los primeros días de agosto y el asunto parece interesante. No tiene nada que ver con el bosón de Higgs,
ni con la nueva física, pero es un efecto muy intrigante. En nuestras colisiones entre protones ha aparecido un fenómeno tenue,
que hasta el momento solo se había visto en las colisiones entre
iones pesados. Todos los años se dedica a estos estudios un mes
de recolección de datos del LHC, que normalmente suele ser el
periodo previo al cierre del acelerador durante las navidades.

Cuando los iones de plomo chocan a elevada energía, la
materia nuclear parece fundirse para producir una especie de

fluido perfecto de quarks y gluones. Sus propiedades se estudian al detalle, porque se cree que toda la materia de nuestro universo pasó por ese estado durante los instantes que siguieron al Big Bang. Las colisiones son espectaculares: cientos de trazas y liberaciones de energía que se distribuyen de un modo muy característico. Tanto el ATLAS como el CMS toman datos y son capaces de efectuar medidas interesantes, pero en este caso será el experimento ALICE el que jugará un papel determinante, porque es un aparato especializado en este tipo de investigaciones.

El fenómeno observado por el CMS es interesante porque nadie esperaba ver algo parecido en las colisiones entre protones. Se ha registrado una extraña distribución de los cientos de partículas que emergen de una colisión y todo parece indicar que el efecto nace de la formación de minúsculas gotas de este fluido mágico de quarks y gluones. La ocasión puede sernos útil para controlar nuestros procedimientos internos de control.

Cuando, al cabo de semanas de acaloradas discusiones, se confirma el resultado, no nos queda otra que exponerlo al juicio de la comunidad científica ajena al CMS presentando los datos en un seminario en el CERN y publicando un artículo al respecto. Ni el ATLAS ni el ALICE han logrado producir resultados similares, así que esta vez el CMS presenta la nueva observación solo.

Es el 22 de septiembre de 2010 y todo el mundo habla de la noticia como del primer descubrimiento de un fenómeno nuevo en el LHC. El resultado del CMS llama la atención y genera aprobación; de repente, al patito feo le ha salido un hermoso plumaje. Algunos miembros del ATLAS tragan quina y aumenta el malhumor en el experimento. Muchos atacan a Fabiola, la acusan de ser demasiado tímida, demasiado bondadosa, como para mantener a raya a los del CMS.

Pero la reacción del ATLAS no se hace esperar; y nos golpea justo en el momento más inesperado. Pocos días después de que terminemos de recoger datos con los protones y empecemos a hacerlo con los iones de plomo, el ATLAS se presenta con un resultado asombroso: se han registrado eventos tan desequilibrados que parecen violar el principio de conservación de la energía. En estos eventos, aparentemente, la energía que se libera por un lado, en forma de chorro de partículas, no se equilibra con una emisión equivalente de energía en la dirección opuesta. En cierto sentido el fenómeno era de esperar, pero en el LHC se presenta con una claridad sin precedentes, y ellos son los primeros en advertirlo. El fluido de quarks y gluones es capaz de interactuar con tanta fuerza que puede impedir la formación de uno de los dos chorros, produciendo de este modo eventos energéticamente desequilibrados. Nosotros observamos el mismo fenómeno, pero esta vez ellos van por delante y somos nosotros los que cojeamos. No han pasado ni dos meses y Fabiola ha vuelto a tomar las riendas de la situación. Al final los dos experimentos presentan juntos los nuevos resultados, pero todo el mundo tiene claro que esta vez han sido ellos los que iban por delante y nosotros los que andábamos a la zaga.

Después del intercambio de golpes se toma la decisión de que es el momento de definir un protocolo a tener en cuenta en caso de descubrimiento; el documento se resume en un breve memorándum firmado por todos: si uno de los dos experimentos descubre un fenómeno nuevo, deberá informar al director del CERN y comunicar al otro sus resultados preliminares. A partir de ese momento, el segundo experimento tendrá una o dos semanas para preparar sus propios resultados y publicarlos simultáneamente. En caso contrario, el primero seguirá adelante solo.

La cosa va en serio.

¡CHOCA ESOS CINCO!

La reunión en Chamonix a principios de febrero es una antigua tradición del CERN que se mantiene desde los tiempos del LEP. En esta reunión anual los expertos de la máquina y los portavoces de los experimentos se reúnen durante cinco días para definir detalladamente el programa de recolección de datos para el nuevo año. Estamos en 2011. Fuera del hotel donde debatimos día y noche turistas y esquiadores se dirigen hacia los teleféricos para descender la ladera norte del Blanco y la del sur del Brevent. Chamonix es la capital del esquí alpino y las pistas son tan bonitas como arduas. Me encanta esquiar, así que para mí es un sufrimiento estar allí discutiendo sobre la emisividad y la colimación de los haces mientras fuera el sol brilla y la gente corre hacia las pistas con los esquís al hombro. Pero hay demasiado en juego; no puedo perder ni un detalle de las discusiones.

La salita del hotel apenas es capaz de contener a las cien personas que la abarrotan. Durante toda la semana se discute hasta qué punto puede aumentarse la energía e intensidad de las colisiones. A fin de cuentas, en 2010, el LHC ha funcionado correctamente a 7 TeV, y gente preparada como Lyn Evans afirma que podríamos llegar a 9 o 10 TeV sin problemas. Para nosotros, que queremos descubrir el Higgs, poder contar con colisiones de más energía equivaldría a tener más posibilidades de éxito. Pero Steve es prudente y no se deja convencer por la propuesta. Todavía quedan demasiadas incógnitas, demasiados riesgos escondidos en los pliegues de una tecnología muy compleja. Nadie sabe exactamente cuántas soldaduras defectuosas pueden esconderse entre las 12.000 que han aguantado las pruebas preliminares. Si hubo errores durante el procedimiento, nadie podía asegurarnos que no se repetiría el accidente de 2008. Y si ocurriera otro accidente, aunque no fuera tan grave, no sobreviviríamos a la avalancha de críticas. Corremos el riesgo de que cierren el LHC y nos despidan a todos. La última palabra de Steve no deja lugar a dudas: nos quedaremos en 7 TeV.

Fabiola y yo nos centramos en la luminosidad. Al final se decide que el LHC también recogerá datos durante 2012 con el objetivo de alcanzar un total de 5 fb^{-1}, pero el objetivo oficial para 2011 sería de solo 1 fb^{-1}. Steve siempre ha sido muy prudente; sabe perfectamente que se puede hacer mucho más, pero no lo admitiría ni bajo tortura. La diferencia es enorme, y lo sabe muy bien. Todos nuestros estudios indican que la línea roja tras la cual cabe la posibilidad de descubrir el fantasmal bosón de Higgs se sitúa alrededor de ese número mágico. Cuanto antes alcancemos esa estadística de datos mejor, pero Steve no quiere correr riesgos.

Por eso al final de su intervención en Chamonix lo saludo teatralmente y le digo en tono de broma: «Está todo bien, Steve, pero ahora ¡choca esos cinco!». La broma se repetirá todas las mañanas de ese año, cuando nos encontremos a las 8.30 en la sala de control para discutir sobre los planes de la jornada; es una especie de ritual en el que nos miramos a los ojos y reímos; ambos sabemos qué significa esa mirada: «Dame 5 fb^{-1} y yo te traeré el bosón de Higgs».

¿FALSA ALARMA O DESCUBRIMIENTO DEL SIGLO?

Me basta con empezar a leer los correos de la noche para entender que será un día funesto. Es el 22 de abril de 2011, faltan dos días para Semana Santa y mi mujer y yo teníamos previsto irnos a la Costa Azul. Al final pasamos las fiestas navideñas al pie del cañón; no pude ausentarme ni un día. Los meses siguientes fueron particularmente arduos: había que preparar el nuevo periodo de recolección de datos. Le había prometido a Luciana que en Semana Santa nos concederíamos tres días de vacaciones. Había reservado una habitación en un romántico hotel de Saint Tropez al que podíamos llegar en pocas horas en coche, y las previsiones meteorológicas eran buenas, pero no tardé en darme cuenta de que el enredo que tenemos entre manos iba a echar por tierra nuestros planes.

Durante la noche se ha desatado una tormenta en los blogs científicos. El titular es de lo más elocuente: «Se dice que el ATLAS ha descubierto el Higgs». En los artículos se habla de un documento interno donde figuraría una fuerte señal de la desintegración de la partícula en dos fotones en una masa de 115 GeV; lo mismo que durante los últimos meses del LEP generó tantos conflictos y esperanzas. Mi bandeja de entrada está repleta de mensajes y los primeros periodistas ya me piden comentarios y entrevistas.

Mientras llamo al hotel para cancelar la reserva intento no pensar en la mirada triste de Luciana. En pocos minutos activo el mecanismo de reacción que convertirá las próximas semanas en un infierno.

Lo primero que hago es llamar a Fabiola para que me explique qué está pasando. Ella está tan sorprendida como yo. No es un resultado oficial de la colaboración; es el trabajo de un grupo del ATLAS que ha actuado por su cuenta, ha creado un documento interno y lo ha hecho circular antes de que se verificara y evaluara. Alguien de dentro del ATLAS ha querido dar la campanada; es el peor de los escenarios posibles.

La iniciativa la ha tomado un grupo de Wisconsin (Estados Unidos) dirigido por Sau Lan Wu, una antigua conocida. Sau Lan es una científica muy preparada, hábil, agresiva, siempre rodeada de jóvenes muy capacitados —Vivek fue alumno suyo— y cuya capacidad de trabajo es casi ilimitada. Nació en Hong Kong en una familia muy pobre y desde joven mostró tal perspicacia que la admitieron de forma gratuita en el exclusivo Vassar College de Nueva York, una escuela reservada a las hijas de las familias más acomodadas de Estados Unidos. Allí, entre otras, conoció a Jacqueline Bouvier, quien acabaría siendo la señora Kennedy. Nada más licenciarse, Sau Lan trabajó con Sam Ting en el grupo que descubrió el quark charm. Quizá por compartir los orígenes chinos o por una natural afinidad, pronto se convirtió en su alumna; y heredó su eficiencia y agresividad.

Como muchos otros científicos del LEP, Sau Lan Wu también está convencida de que tras las tímidas señales en 115 GeV que se encontraron con la vieja máquina se esconde el bosón de Higgs. Es posible que su análisis haya sido condicionado, casi prefabricado *ad hoc* para extraer una señal a toda costa. El hecho de que su trabajo no haya sido verificado por otros grupos es una práctica incorrecta que lo vuelve muy vulnerable; en este caso, el ATLAS podría fácilmente reducirlo a escombros, pero también puede ocurrir que sea un análisis válido, científicamente correcto, que se ha mantenido oculto sencillamente porque Sau Lan quiere quedarse con toda la gloria del descubrimiento. Es posible que haya logrado identificar mejores criterios de selección de la señal. En ese caso, después de varias turbulencias internas en los equipos que colaboran, el ATLAS no podría hacer otra cosa que adoptarla y hacerla pública. Al fin y al cabo se trataría del descubrimiento del siglo. Y nosotros, los del CMS, podríamos tener la ruina a la vuelta de la esquina.

La reacción es inmediata. Se convoca a una reunión al grupo de investigación sobre la desintegración del Higgs en dos fotones (el presunto descubrimiento de Sau Lan). Vivek Sharma, que tras meses de trabajo en el CERN ha viajado a San Diego para celebrar el séptimo cumpleaños de su hija Meera, tiene que regresar inmediatamente. Se constituye un grupo de expertos para calibrar mejor el calorímetro; se vuelven a procesar todos los datos recogidos hasta el momento; los más jóvenes se encargan de reproducir, en nuestros datos, las mismas secuencias de selección que parecen haber conducido a la señal en el ATLAS; se estimula una constante lluvia de ideas.

El 25 de abril Fabiola anuncia oficialmente que las comprobaciones del ATLAS han dado por falso el resultado que tanto había excitado a los medios; no hay ninguna señal del Higgs en dos fotones. Me tranquilizo, pero no me calmo del todo; quizá las declaraciones se han hecho para reducir la presión de los medios y poder trabajar con serenidad. Nadie nos garantiza que la historia no vuelva a repetirse al cabo de una semana. Solo cuando hayamos acabado nuestras comprobaciones podremos estar tranquilos; y todavía nos falta algún tiempo.

Al final llegamos a la misma conclusión: no hay nada a 115 GeV, y el suceso, bautizado como *Easter bump*, es archivado. A pesar de que todo este asunto nos ha atacado los nervios durante semanas, su resultado ha sido positivo para el CMS. El grupo de la desintegración del Higgs en dos fotones se ha convertido en uno de los más fuertes y compactos. Asustados por el temor a perder la competición contra el ATLAS, el esfuerzo de aquellas pocas semanas ha superado el de meses de trabajo; se han puesto en marcha nuevas ideas y se han desarrollado nuevos instrumentos; y sobre todo se ha creado un espíritu de grupo que será decisivo poco tiempo después, cuando se descubran de verdad las primeras señales.

Cuando Sau Lan, inesperadamente, viene a verme por la tarde a mi despacho, situado en el quinto piso del edificio 40, me sorprende oírla disculparse por todo lo ocurrido. Sau Lan, que como muchos otros chinos tiene una expresión impenetrable que no deja traslucir ninguna emoción, está llorando. No consigo hacerme el duro. Soy consciente de que ha cometido un grave error. Ha violado, quizá involuntariamente, quizá por ambición, una de las reglas más importantes. Sé que pagará un alto precio por esto: el aislamiento en la comunidad del ATLAS. Si ella hubiera sido del CMS yo no habría tenido piedad, pero ahora está aquí, y no para de llorar. Nadie la ha obligado a venir. Ha sentido la necesidad de disculparse por todos los sacrificios que hemos hecho por su culpa. Me limito a decirle que son cosas que pasan y que lo importante ahora es mirar hacia delante e intentar descubrir de una vez la maldita partícula.

Al cabo de pocas semanas del *Easter bump* vuelven a saltar las alarmas. Esta vez se trata de nuestros datos, pero no tiene nada que ver con el Higgs. El acelerador trabaja al máximo rendimiento y Steve está haciendo un gran trabajo; cada semana recogemos más datos que durante todo 2010. A este paso alcanzaremos el primer fb^{-1} en junio. Y es entonces cuando empiezan a aparecer regularmente eventos espectaculares.

Son eventos muy limpios, en cuyas colisiones se producen solo dos electrones o dos muones con grandes ángulos de emisión; son los típicos eventos de alta energía transversal y entran en la producción prevista del LHC; lo que no se preveía era que se reagruparan en una región de masa particular formando un exceso, una especie de pico en la distribución. Y eso es exactamente lo que está ocurriendo. Alrededor de 950 GeV, en una zona donde no se espera ver nada especial, acaban de aparecer primero dos, después tres y finalmente cuatro eventos; allí reunidos parecen decir: «¿A qué esperáis? ¿No veis que estamos aquí?».

Inmediatamente informo a los miembros de todos los equipos. Tenemos un sistema que utiliza el código estándar de los tres colores para estos casos, es decir, cuando se piensa que podemos estar cerca de un descubrimiento. Activo el protocolo de código naranja para indicar que hay una posible señal de física nueva. Se someterá a un control exhaustivo porque podría tratarse de una falsa alarma, pero también podría conducir a un código rojo, es decir, un nuevo descubrimiento. El protocolo permite movilizar a todos los equipos para controlar los eventos; se procede a realizar una serie infinita de verificaciones y de búsqueda de señales similares que podrían presentarse también en análisis análogos; así pues, estamos de nuevo en una fase apasionante y frenética.

Los eventos parecen idénticos a los que buscamos desde hace años. Es una de las formas de desintegración clásicas previstas por las parejas supercompactas de Z: partículas muy parecidas a Z pero diez veces más pesadas y que se contemplan en algunos modelos de extradimensiones. Se llaman Z' y su descubrimiento supondría un punto de inflexión en la física. La tensión está por las nubes. Mientras nos ocupamos de seguir recolectando datos y registrar diariamente la aparición de eventos similares, los mayores expertos en electrones y muones controlan la calidad de los detalles. Se está preparando una nueva alineación para llevar al límite la resolución de la medida del impulso de los muones. Se buscan señales parecidas en otras desintegraciones y otras parejas compactas de las partículas conocidas, como un W' o un top'. La naturaleza podría reservarnos la sorpresa de descubrir alrededor de 1 TeV una segunda familia de partículas, parecidas a los W, Z y top, que en el Modelo Estándar se distribuyen alrededor de los 100 GeV. Otros grupos de investigación se ponen manos a la obra y comprueban de nuevo todos nuestros análisis utilizando diferentes métodos de selección de señales.

Se pone a prueba nuestra sangre fría. Cuando todas las comprobaciones parecen indicar que los eventos son correctos y la señal se refuerza, preparamos el borrador de un artículo y avisamos de forma extraoficial al director de la investigación. Hablo con Sergio y le digo que se prepare; esperaremos una semana más. Si las cosas siguen así, tendré que convocar una reunión con Rolf y Fabiola para activar el protocolo de descubrimiento. En todos los equipos cunde el entusiasmo. Incluso los más prudentes parecen convencidos. Los jóvenes están desatados y han encontrado un nombre para la nueva partícula; la han bautizado Guido'.

Me siento en el ojo del huracán: por un lado, tengo que prepararme para defender un resultado apabullante cuya veracidad indicaría de forma inequívoca que vivimos en un universo de más dimensiones. Uno de esos descubrimientos que cambiaría para siempre nuestra visión del mundo. Llevamos años soñando con esto. Por otro lado, tengo miedo; no sería la primera vez que se anuncian resultados increíbles que luego resultan ser meras fluctuaciones estadísticas. Podría ser el triunfo o el desastre del CMS.

Luego, de repente, dejan de aparecer eventos interesantes. Pasa una semana, y otra, y otra, y parecen haber desaparecido por completo. Al principio pensamos que algo ha dejado de funcionar en nuestro circuito de trigger y hemos dejado de registrarlos, pero conforme pasa el tiempo nos resignamos. La señal pierde significatividad estadística, cada vez es más débil. Me encargo de suspender la alerta naranja y aviso a Sergio de que todo ha vuelto a la normalidad. Cuando termine la recolección de datos, como recuerdo de la gran aventura de Z' no quedará más que una pequeña fluctuación residual en 950 GeV. Tendremos que esperar para saber si las dimensiones de nuestro universo no son cuatro sino seis, o diez, o para producir un cambio secular en nuestra visión del mundo, pero hemos mantenido la sangre fría, no nos hemos dejado llevar por el entusiasmo. Estoy muy orgulloso de cómo se ha portado el CMS.

6

UN CUMPLEAÑOS ESPECIAL

UN REGALO PRECIOSO

Ginebra, 8 de noviembre de 2011

Han pasado pocas semanas desde que acabó el *run*, el periodo en que la máquina «corre», o sea, funciona, y la gente del acelerador ha dejado a todo el mundo boquiabierto. Físicos e ingenieros han llevado a cabo un arduo trabajo con la puesta a punto del LHC, y lo han hecho tan bien que durante las últimas semanas han realizado un número de colisiones superior al de todo 2010. El LHC ha funcionado como un reloj suizo desde el verano.

El trabajo de los encargados de la máquina ha sido fantástico durante todo 2011. Ahora, en cada paquete, circulan unos 150 millardos de protones; no es poca cosa, porque con intensidades tan elevadas el más mínimo accidente puede resultar catastrófico para el acelerador.

Por esta razón los controles son más exhaustivos que nunca. Los protocolos de protección se afinan diariamente. Incluso la indicación más insignificante de una posible anomalía en el diagnóstico se estudia detalladamente. Han hecho falta semanas, o mejor dicho meses, de trabajo continuo, minucioso, metódico, a base de pequeñas mejoras cotidianas, prudentes intentos de elevar la luminosidad poco a poco, pero al final lo hemos logrado.

Me he pasado todo un año pidiéndole a Steve Myers 5 fb^{-1}, mientras él se limitaba a guardar silencio; al final, de forma discreta y paulatina, ha acabado por darnos 6. Es el objetivo con el que todos soñábamos y, de hecho, algunos eventos espectaculares empiezan a aparecer por nuestros datos; son los mismos que llevamos esperando mucho tiempo, y se presentan en la región de baja masa, la más difícil de explorar, pero también la más interesante. Los chicos que se ocupan de los análisis llevan meses afinando los instrumentos, mejorando su resolución, aumentando la eficacia y ayudando a comprender mejor los mecanismos que contribuyen al ruido de fondo. Por fin recogemos los frutos de un esfuerzo extraordinario. Conozco a todos y cada uno de estos jóvenes entusiastas que dirigen los grupos de análisis y no se detienen ante nada; entre ellos me siento a gusto y los veo casi todos los días.

El 8 de noviembre es mi cumpleaños. Ese día se celebra una de las muchas reuniones de los grupos de trabajo del Higgs y se presentan los últimos resultados; es entonces cuando aparece un pico en 125 GeV. No es nada del otro mundo, pero es significativo. Solo, un exceso de eventos como este no querría decir nada, pero se encuentra exactamente en el mismo lugar donde se condensa un pequeño grupo de eventos realmente raros registrado por otro grupo de análisis.

Es él.

Lo presiento. Estoy seguro. Hay quien todavía no lo comprende. Supongo que es lo mismo que sentían nuestros antepasados cazadores y recolectores. Alguien intuye que tras ese matojo se esconde la presa. No se mueve nada, no se oye nada, no hay huellas, pero lanza decidido su flecha y sabe que dará en el blanco.

Ahora sé que fui el primero en saber que el bosón de Higgs existía realmente, y cuando pienso en ello siento un vértigo que me hace sentir ligero. Llevábamos años buscándolo y muchos dudaban de su existencia, pero al final estaba justo ahí, en el lugar más obvio. Estaba escondido y pensaba que no daríamos con él cuando… ¡paf!

Dentro de unos meses todo el mundo estará al corriente y la ciencia celebrará otro éxito. Hoy estoy con los jóvenes que por primera vez aislaron las señales; juntos debatimos, reímos y bromeamos. Nadie habla de descubrimiento ni menciona el Higgs, pero nuestros ojos tienen un brillo especial. Nadie se lo toma demasiado en serio, pero sabemos que hemos «disparado bien la flecha» y no hace falta más para que nos sintamos felices y entusiastas. Es el regalo de cumpleaños más bonito que podían darme.

CURSO ACELERADO PARA CAZADORES DE BOSONES

Para comprender mejor el trabajo que ha conducido a uno de los descubrimientos más importantes de las últimas décadas es necesario ponerse en la piel de un cazador, sostener sus armas y entender sus técnicas.

La cacería al bosón de Higgs no puede hacerse a ciegas. El retrato robot de la partícula más buscada del Modelo Estándar es muy minucioso. Se conocen al detalle sus características y los procesos que la generan. Somos capaces de prever cuántos bosones pueden aparecer en las colisiones del LHC y en qué partículas puede desintegrarse. No nos asusta la búsqueda de eventos insólitos; estamos acostumbrados a buscar una aguja en un pajar. Es más, para ser precisos, a veces buscamos agujas en millones de pajares. Lo difícil es que el retrato robot cambia radicalmente dependiendo de la masa, que no conocemos *a priori*; ello implica que la búsqueda se lleve a cabo utilizando cientos de retratos robots diferentes, cada uno de los cuales corresponde a una hipótesis particular de masa. Por ello no tiene que sorprender que para cubrir todas las posibilidades se necesiten decenas de grupos y cientos de físicos.

En primer lugar hay que tener en cuenta todas las formas de producción de la partícula. La más corriente en el LHC es la fusión de dos gluones —portadores de la interacción fuerte— que al hurtarse frontalmente se aniquilan y pueden producir un bosón de Higgs solitario. Para no omitir ninguna posibilidad se prueban también otros mecanismos, que a pesar de ser menos frecuentes dejan huellas muy características. Uno de los más interesantes es la producción del bosón de Higgs mediante una pareja de W o un Z, o la producción de un Higgs mediante la aniquilación de parejas de W o Z.

En segundo lugar hay que tener en cuenta las diversas formas de desintegración. En toda la región de masa que exploramos, desde los 115 GeV a los 1.000 GeV, el bosón de Higgs puede desintegrarse en parejas de W y parejas de Z. Estos dos canales de desintegración —así es como los llamamos— están presentes en todas las investigaciones. Por encima de 350 GeV cabe la posibilidad de que la desintegración sea en parejas de top, pero es un proceso sumamente insólito y difícil de detectar. En cambio, por debajo de 160 GeV, también se puede utilizar la inusual desintegración en dos fotones o en parejas de fermiones: leptones tau y chorros de quarks «b» (también conocido como «quark bottom» o «quark beauty»).

Para cada una de estas partículas hay que tener en cuenta una notable variedad de canales secundarios. Por ejemplo, para estudiar el Higgs que se desintegra en una pareja de Z se pueden obtener muchas combinaciones, dependiendo del modo de desintegración de dos Z. Recordemos que no solo el Higgs sino también W y Z son partículas inestables que se desintegran inmediatamente en otras partículas. Así, primero se estudian los casos en que uno de los Z puede desintegrarse en dos muones, luego se buscan las desintegraciones del segundo en dos electrones o en dos leptones tau, o en dos neutrinos o en dos chorros de quarks, etcétera. Luego tenemos el caso en que el primero se desintegra en dos electrones y el segundo en dos muones, luego en dos electrones, etcétera. Para llegar al Higgs de esta forma, como si se tratara de una muñeca rusa, hay que detectar los productos de la desintegración de los productos de su desintegración.

Una vez se ha escogido un canal para una determinada región de masa, se buscan señales compatibles con la presencia del bosón. La búsqueda parte de la hipótesis de que el bosón de Higgs no existe e intenta demostrar su inexistencia; si en una determinada región no se consigue tenemos un primer indicio de su existencia en dicha región. El número de eventos que tienen características compatibles con la señal buscada se compara con el número de eventos que tendrían que apreciarse si el bosón de Higgs existiese y tuviera precisamente esa masa; y así, punto por punto, canal tras canal, se explora toda la región.

Todas las simulaciones efectuadas antes de recoger los 5 fb^{-1} nos decían que, con estos datos, tendríamos la sensibilidad suficiente como para ver o excluir el bosón de Higgs desde 115 a cientos de GeV. Como se ha dicho anteriormente, la región que existe entre 115 y 150 GeV es mucho más complicada. Si el bosón de Higgs se esconde allí, en el mejor de los casos detectaríamos tímidas señales que podrían confundirse perfectamente con el ruido de fondo. En esta región tendremos que concentrar todas nuestras fuerzas, tratando de mejorar continuamente los análisis para explorar todos los canales de desintegración accesibles.

Allí los canales más importantes son los llamados «bosónicos», es decir, aquellos donde el Higgs se desintegra en una pareja de fotones, W o Z. En el caso de una pareja de W la identificación es relativamente simple porque se puede observar en el detector la presencia de electrones y muones de alta energía generados por la desintegración de los W. El problema es que hay muchos más procesos que no tienen nada que ver con el bosón de Higgs y que a su vez producen parejas de leptones de alta energía y esconden la señal; distinguir la señal del Higgs de la producción normal de parejas de W es una dura tarea. Además, en este canal, la resolución en masa es muy débil. Durante la desintegración en leptones de los W aparecen neutrinos, invisibles para los detectores, que se pierden llevándose una parte de la energía del proceso, lo cual implica que el valor de la masa originaria de la partícula solo puede calcularse de forma indirecta y aproximada. En resumen, la desintegración en parejas de W puede sugerirnos que está ocurriendo algo, pero no nos suministra pruebas definitivas del Higgs.

Para estar seguros de que lo hemos encontrado necesitamos que aparezcan señales en los dos canales bosónicos de alta resolución: la desintegración en dos fotones y en parejas de Z. Son los canales capaces de identificar la presencia del bosón gracias a la aparición de picos en la distribución de masa, excesos de eventos concentrados en regiones bien definidas.

La desintegración del Higgs en fotones produce eventos espectaculares. Los dos fotones de alta energía, emitidos en direcciones opuestas en el plano perpendicular a la línea de los haces, son fáciles de detectar; y la resolución del calorímetro del CMS es tan precisa que su energía puede medirse sin problemas. Si provienen del Higgs permiten determinar la masa de la partícula con una precisión del 1-2 %, y todas las señales se acumulan formando un minúsculo pico de eventos.

Desgraciadamente, también en este caso hay fenómenos que producen eventos idénticos a los que buscamos y ocultan la señal. Los eventos que constituyen el ruido de fondo son mucho más numerosos que los que genera el bosón de Higgs, pero la distribución en masa es muy diferente. No forman picos pero se distribuyen por doquier de forma regular y su número disminuye rápidamente al aumentar la masa. Buscar el Higgs implica saber medir con tal precisión dicha distribución de fondo que seamos capaces de identificar cualquier «joroba» producida por el pico que estamos buscando.

También la desintegración del Higgs en parejas de Z produce eventos preciosos. En este caso aparecen únicamente cuatro leptones en los datos que registramos. Cada Z se desintegra en una pareja de electrones o de muones, lo cual permite obtener tres combinaciones: cuatro electrones, cuatro muones o dos electrones y dos muones. La resolución con que se miden electrones y muones en el CMS es espectacular. En estos eventos no hay neutrinos y toda la energía se reconstruye con una precisión del 1-2 %. En otras palabras, se puede reconstruir la masa del Higgs de la que provienen los cuatro leptones con una precisión extrema, y también en este caso la presencia del bosón se manifiesta como un pico en la distribución de masa. Diversamente a lo que ocurre en la desintegración en dos fotones, ahora el ruido de fondo es mucho más bajo; los eventos del Modelo Estándar que producen cuatro leptones por debajo de 150 GeV son muy inusuales; por desgracia, también lo son los eventos debidos al Higgs. En toda la estadística recogida en 2011 no esperamos más de dos o tres; hay que cuidarse de no perderse ninguno, porque cualquier evento podría marcar la diferencia.

Los canales fermiónicos, es decir, aquellos donde el Higgs se desintegra en dos chorros de quarks «b» o en dos leptones tau, son mucho más complicados que los demás. El número de casos en que esto ocurre es elevado, pero las desintegraciones del Higgs resultan casi idénticas a un gran número de eventos normales que contaminan la señal y confunden. Son desintegraciones que se han de estudiar y serán muy importantes si, una vez descubierto el Higgs, queremos establecer si existen anomalías, más concretamente si el emparejamiento con fermiones es exactamente el que prevé el Modelo Estándar.

He aquí la estrategia que adoptamos para el descubrimiento: en la región de masa alta los datos serían suficientes para producir una señal bien visible si combinamos todos los canales de desintegración en parejas de W y Z. Si en cambio el bosón de Higgs se presentara en la región más difícil, por debajo de 150 GeV, tendríamos las primeras señales de su presencia cuando registráramos un exceso de eventos en el canal de desintegración en parejas de W; y en el canal en dos fotones y el canal en dos Z aparecerían simultáneamente dos picos bien definidos y en la misma masa.

En caso de que veamos aparecer una señal será necesario verificar si su intensidad y su composición en las varias formas de desintegración son compatibles con los previstos para el bosón de Higgs en la misma masa. Luego se deberá tener en cuenta la estadística, porque cada nueva estructura que observamos podría ser una simple fluctuación de los fenómenos que constituyen el ruido de fondo que ya conocemos. No estaremos seguros de si está ocurriendo algo nuevo hasta que la señal sea tan fuerte que la probabilidad de que se deba a una simple fluctuación estadística se reduzca a menos de una entre un millón; hasta entonces tenemos que ser prudentes.

MÁS DUCHAS DE AGUA FRÍA

En junio de 2011, el LHC ha producido más de 1 fb^{-1} de datos. El objetivo de un año de trabajo ha sido alcanzado en solo tres meses. La estadística nos permite estudiar los canales más interesantes, y conforme se acumulan los datos resulta más improbable que el Higgs se esconda en la región de masa más elevada. Entre 150 y 450 GeV hemos alcanzado una sensibilidad suficiente como para detectar o negar su presencia, pero a niveles altos de masa no hay excesos significativos. Todo lo que se observa puede explicarse con los procesos conocidos del Modelo Estándar: se puede empezar a descartar la presencia del Higgs entre 150 GeV y 200 GeV y entre 300 y 450 GeV. Entre 200 y 300 GeV, por debajo de 150 y por encima de 500 todavía no podemos estar seguros porque no tenemos la sensibilidad suficiente para emitir un juicio inequívoco. Necesitamos más datos.

A pesar de ello, por debajo de 150 GeV parece que está ocurriendo algo interesante. Hay un exceso de eventos en el canal de desintegración en dos W que suscita sorpresa e interés. El hecho de que no aparezca nada en los canales de desintegración en dos fotones o en cuatro leptones genera escepticismo, pero todavía no puede decirse gran cosa porque la estadística de los datos no es suficiente.

Después de llevar a cabo controles exhaustivos presentamos los primeros resultados en el congreso de la Sociedad Europea de Física que se celebra en Grenoble. El exceso que hemos registrado no es significativo y está dominado por el canal de desintegración de menor resolución; con todo, genera cierta excitación, porque también el ATLAS ha detectado algo parecido.

Los resultados del ATLAS, igual que los del CMS, descartan que el Higgs pueda tener una masa elevada, entre 150 y 200, y entre 300 y 450 GeV. Ellos también han registrado un exceso en el canal en dos W y en la misma región de masa baja, a pesar de que los resultados son diferentes entre sí. El interés de la comunidad científica es tan alto, y la atención de los medios tan enorme, que se propaga la sensación de que está a punto de descubrirse algo, y en los equipos que colaboran se respira un clima de gran optimismo. Pero la expectación carece por completo de fundamento, y nos esforzamos en explicarlo, tanto a los miembros de los equipos como a los periodistas. Es demasiado pronto, todavía no contamos con la sensibilidad requerida, debemos esperar a tener 5 fb^{-1} para poder afirmar algo relevante en la región baja de la masa. Podrá hablarse de señales prometedoras del Higgs cuando aparezca algo en los canales de alta resolución. Pero nuestros esfuerzos son en vano. Los periódicos publican titulares como «¡Higgs: casi lo tenemos!» o «Un intrigante exceso de eventos en 140 GeV podría esconder el buscado bosón».

Lo único positivo de todo este alboroto es que ha quedado patente que los experimentos del LHC están tomando el liderazgo en la cacería del Higgs. Los científicos del Tevatrón sienten nuestro aliento en la nuca. Los datos que presentan en Grenoble, un año después del boom de París, ya no son tan impresionantes. Todos sabemos que si el LHC continúa funcionando como hasta ahora, les será imposible seguir el ritmo.

Pocas semanas después de que la excitación reinara en Grenoble, todo se desvaneció en cuestión de segundos. El ATLAS fue el primero en descubrir un pequeño error en sus análisis; las prisas por producir resultados para presentarlos en la conferencia habían provocado que se subestimara una de las fuentes de ruido de fondo. Se volvieron a hacer las cuentas y el exceso que había atraído tanta atención resultó ser mucho menos evidente. Luego sucedió que, al analizar nuevos datos, todo volvió a la normalidad. De hecho, el LHC no interrumpe su actividad y durante las semanas que siguieron el exceso a 140 GeV se debilitó hasta desaparecer casi del todo en ambos experimentos.

Cuando nos reunimos en agosto en la Conferencia Lepton Photon de Bombay bajo la lluvia torrencial del monzón indio, los dos experimentos no pueden sino mostrar melancólicamente que el exceso detectado en masa baja, que tanto había impresionado a todo el mundo un mes antes, no solo no se había fortalecido sino que había perdido importancia. La depresión del monzón borra cualquier rastro posible de excitación; nos encontramos en la montaña rusa de las emociones, pero ya estamos acostumbrados.

Como suele ocurrir cuando se pasa del entusiasmo a la desilusión, el pesimismo se impuso; nos preparamos para lo peor: en el LHC no hay nada, el bosón de Higgs no existe. Muchos están convencidos de que nuestro proyecto será un intento fallido más; se sumará a la lista de experimentos que pretendieron generosamente tocar el cielo pero fracasaron. De nada sirve consolarse diciendo: «De todos modos, descartar el bosón de Higgs sería un gran descubrimiento científico». Es cierto que en el campo de la física los resultados negativos también son muy importantes porque demuestran que una determinada teoría no es correcta. No encontrar una partícula prevista no significa haber fracasado; al contrario, implica nuevos vínculos entre todos los modelos conocidos, produce un avance del conocimiento, nos empuja a centrar nuestra atención en teorías que no han sido desmentidas o a construir algunas completamente nuevas.

Sea como fuere, todos sabemos que las repercusiones para el LHC podrían ser gravísimas. De hecho, el Consejo del CERN no tarda en ordenar que un grupo reducido prepare un documento donde se explique la importancia científica de descartar la existencia del bosón de Higgs. El 16 de septiembre se presenta un primer borrador, con un extraño título: «El significado científico de la posible exclusión del bosón de Higgs en la región de masa comprendida entre los 114 GeV y los 600 GeV y la mejor forma de comunicarlo». Concretamente, esta última frase nos dejó perplejos a muchos. Evidentemente se teme que haya repercusiones políticas, que alguna nación se desmarque de los ambiciosos planes de futuro del acelerador; o, en el peor de los casos, que alguno de los veinte países miembros reduzca su aportación financiera anual al CERN, arrastrando en cadena a los demás. Pero más allá de las declaraciones de cara a la galería, durante los años de crisis económica y recortes que asedian a todas las administraciones, muchos gobiernos y parte de la opinión pública europea no ven con buenos ojos la financiación anual al CERN, una cifra fija en francos.

Tampoco hay que subestimar las consecuencias psicológicas en una comunidad estresada por años de esfuerzos, que ha soportado una serie infinita de duchas de agua fría. Todos sabemos que el documento del Consejo es científicamente correcto, pero nadie nos convencerá de que se siente la misma satisfacción al descubrir un nuevo estado de la materia que al descartar su existencia.

¡Y, PARA COLMO, LOS NEUTRINOS!

Por poco me ahogo. Me he atragantado con un trozo del bocadillo que me estoy comiendo a toda prisa. Estoy con Sergio en la sexta planta del edificio central del CERN, justo encima de la dirección general, a la puerta de la sala donde nos reunimos con los comités científicos y financieros más importantes. Estamos haciendo una pausa para comer algo y tomar un café. En breve volveremos a entrar y seguiremos con la reunión que nos tendrá ocupados todo el día. Sergio y yo nos hemos apartado: «Está a punto de destaparse una bomba. Todavía falta hacer algunas comprobaciones pero parece que el OPERA, el experimento dirigido por Antonio Ereditato, ha detectado neutrinos más rápidos que la velocidad de la luz. Llevan meses verificando una y otra vez los análisis y el efecto se mantiene. Dentro de poco lo anunciarán oficialmente. ¡Abróchate el cinturón!».

OPERA es un experimento del Gran Sasso, en Italia, un importante laboratorio subterráneo situado en una caverna bajo la montaña, a más de setecientos kilómetros de distancia del CERN. El objetivo del experimento es recoger pruebas de la transformación de neutrinos-mu en neutrinos-tau. La «pasión» de los neutrinos por el transformismo ya ha sido detectada por otros componentes de la familia, pero nadie ha sido capaz de registrar el proceso que el OPERA quería estudiar. Se produce un haz de alta intensidad de neutrinos-mu en el CERN y se envía al subsuelo para cruzar la corteza terrestre hasta llegar al Gran Sasso. Los neutrinos, partículas extremamente ligeras sin carga fuerte y electromagnética, pueden atravesar miles de kilómetros de roca. OPERA registra las raras interacciones que estas partículas tienen con su aparato y entre estas busca los insólitos casos en que el neutrino que ha salido desde el CERN siendo un neutrino-mu llega transformado en neutrino-tau.

En 2010 el OPERA consiguió detectar un primer evento de transformación y continúa recogiendo datos para registrar otros. Indirectamente se mide también el tiempo que tardan estas partículas en llegar al Gran Sasso; gracias a ello los físicos han podido detectar una anomalía asombrosa: una anticipación de 60 millardésimos de segundo respecto a lo previsto. Una nimiedad que, si se confirmara, nos llevaría a admitir que los neutrinos, aunque solo sea en determinadas condiciones, pueden viajar a una velocidad mayor que la de la luz. Es un dato asombroso y del todo inesperado.

Mi primera reacción fue de fastidio. ¡Justo ahora! ¡Lo que nos faltaba! Una nueva tempestad mediática desencadenándose sobre nosotros en el periodo que más tranquilos y concentrados teníamos que estar. En vez de dedicar todas las energías en analizar a fondo los nuevos datos que está proporcionando el LHC perderemos el tiempo respondiendo a los periodistas, hablando con las cadenas de televisión, informando de los detalles de estas mediciones para asegurarnos de que no incurrimos en inexactitudes.

Luego siento miedo. Estamos en el peor de los escenarios posibles. Algo me dice que la medición no es correcta, y no soy el único que cree que hay algún error. Gran parte de la comunidad científica se muestra escéptica; y no solo porque predomina una confianza acrítica en la relatividad especial; tarde o temprano los científicos tienen que admitir que llegará un experimento que eche por tierra incluso aquellas pocas certezas que consideramos inquebrantables.

La razón del escepticismo radica en el hecho de que la velocidad de los neutrinos ha sido medida numerosas veces, y siempre ha sido compatible con la velocidad de la luz, incluso en grandes distancias. Cuando en 1987 explotó la supernova, varios experimentos midieron la llegada de los neutrinos que había expulsado la estrella agonizante, y nadie registró ninguna anomalía. Es cierto que en este caso la energía es diferente pero hay que tener mucha imaginación para pensar que los neutrinos emitidos por las estrellas son más lentos que los que producen los haces del CERN. Además, si fuera cierto, repercutiría fuertemente en otras magnitudes que han sido medidas con mucha precisión sin presentar anomalías.

El miedo que siento lo provoca el terrible escenario que de pronto se presenta ante mí. Hoy todos celebramos el increíble resultado y durante unos meses el CERN es aclamado: he aquí el laboratorio más importante del mundo, donde se realizan descubrimientos capitales que ponen en duda incluso las formulaciones de Einstein. Más tarde, quizá al cabo de unos meses, descubrimos que había algún error, y toda la atención y la gloria se convierten en pérdida de credibilidad y descrédito global. En esa tesitura aparecemos los chicos estupendos del LHC, y anunciamos: «Pues nosotros hemos descubierto el bosón de Higgs». Puedo imaginarme las sonoras pedorretas que seguirían a estas declaraciones. ¿Quién nos mandaba meternos en este fregado? ¿Qué gana el CERN asociando su actividad y prestigio a los resultados de Ereditato? Por otro lado, ¡OPERA no es ni siquiera uno de sus experimentos!

Sea como fuere, las cartas están boca arriba. Ereditato ha presentado sus resultados en el auditorio central, sede histórica donde se han anunciado grandes descubrimientos, y tal y como se esperaba la noticia ha llamado la atención de todo el mundo: cientos de artículos, decenas de entrevistas, páginas web desbocadas. Incluso yo, que nada tengo que ver, recibo llamadas y correos felicitándome por el nuevo y revelador resultado del CERN. Y tengo que morderme la lengua para no decir lo que realmente pienso. Cuando hago comentarios oficiales tengo que esforzarme por mantener la calma: «Medición interesante pero... se requieren muchas comprobaciones antes de... otros experimentos tendrán que confirmar... bla, bla, bla».

La sorpresa crece cuando se descubre que dentro de la colaboración del OPERA hay una grieta vertical tan profunda que muchos no firman siquiera el artículo redactado para la publicación. Es la prueba de que algo no ha funcionado como debía en los mecanismos internos del experimento.

Como ya hemos visto, cuando en las grandes colaboraciones se registra un resultado inesperado, se activan protocolos de comprobación y control, tanto más profundos cuanto más relevante sea el impacto científico del presunto descubrimiento. Una de las principales responsabilidades del portavoz consiste en organizar este proceso de validación y asegurarse de que no se descuida ni un detalle. Por ejemplo, si no tuviéramos mecanismos de control internos, en el CMS descubriríamos a diario señales de extradimensiones y partículas supersimétricas. En aparatos de esta complejidad cualquier nimiedad puede producir señales parecidas a las que revolucionarían nuestra concepción del universo: un detector que no haya sido calibrado perfectamente, un circuito defectuoso, cualquier interferencia electromagnética, ruido de fondo, cualquier error en alguna de las muchas líneas de código del software... etcétera.

Es una cuestión de entropía. Hay mil y una formas de hacer un vino de mala calidad, y solo una, con diminutas variantes, de producir un buen Sassicaia. Lo mismo ocurre con los resultados en física. No existe una receta mágica que te proteja al cien por cien, pero si descuidas alguno de los protocolos de control más importantes porque tienes prisa o te atraen las luces de los focos el resultado puede ser catastrófico. Por ello son tan necesarios el autocontrol y la frialdad. Y, ante todo, es necesario involucrar en estas decisiones a todos los físicos del experimento; hay que llamar a miles de expertos entusiastas e inteligentes para buscar los posibles puntos débiles de una medición.

La primera medida de protección es actuar con la máxima transparencia dentro del experimento. Todo el mundo ha de tener acceso a la totalidad de la información; todos deben sentir que tienen el derecho y el deber de criticar ferozmente los resultados obtenidos por un grupo de análisis; todos deben tener acceso a cada detalle de los estudios que se están llevando a cabo, así como ser capaces de reproducirlos. Si el resultado obtenido tiene un impacto importante, es obligatorio pedirle a grupos independientes que intenten repetirlo utilizando métodos y software completamente diferentes. Durante este proceso es fundamental dejar de lado las jerarquías y el principio de autoridad; cuántas veces habré visto en el CMS a jóvenes estudiantes que con una simple pregunta hacían tambalear los resultados de eminentes profesores.

Con todo, hay que aceptar que a pesar de los esfuerzos siempre cabe la posibilidad de cometer un error. Ha ocurrido en todos los experimentos. En 1985, el UA1, el experimento de Rubbia, anunció el descubrimiento del quark top en 40 GeV. El UA2 no fue capaz de reproducir el experimento y pronto se supo que Rubbia se había equivocado. En su caso, el Premio Nobel que había obtenido poco antes lo protegió de sufrir consecuencias más graves que una momentánea pérdida de credibilidad. De la falsa alarma del LEP sobre el Higgs a 115 GeV ya se ha hablado; y la lista es mucho más larga.

Cuando lideras tus tropas hacia terreno desconocido tienes que contar con que se pueden cometer errores; tienes que aceptar que de todos los experimentos que indagan en los límites de lo imposible, algunos tendrán algún desliz. La comprobación científica que desde Galileo exige que los resultados se confirmen repitiendo el mismo experimento con las mismas condiciones, y que observadores independientes «prueben una y otra vez» hasta llegar a la misma evidencia, ha demostrado su eficacia durante los últimos cuatrocientos años. En el caso del OPERA bastan pocos meses para que se descubra que dichas condiciones no existen: el resultado no puede reproducirse en otros experimentos; rápidamente se archiva como uno de los muchos errores que pueden ocurrir. Lo insólito fue lo que ocurrió en el interior de la organización. Al cabo de un tiempo se supo que algunos detalles de las mediciones habían sido ocultados incluso a miembros del experimento; que no se había pedido a grupos independientes que controlaran e intentaran reproducir el resultado con métodos diferentes; que el mismo portavoz había manifestado urgencia en anunciar los resultados; que los que expresaban su perplejidad y pedían comprobaciones habían sido acallados por la autoridad, motivo por el cual no firmaron el artículo. Todos estos errores impidieron que se descubriera lo que salió a la luz durante la primavera de 2012: que un estúpido cable de fibra óptica estaba mal conectado y la medida que había generado tanto alboroto era totalmente incorrecta.

Por lo que al LHC respecta tuvimos suerte, porque todo esto ocurrió en primavera, unos meses después de que en diciembre anunciáramos al mundo durante un seminario que teníamos las primeras evidencias del bosón. En el momento en que el OPERA admitía su error, los del CERN estamos tras la pista del Higgs, pero se ha corrido un riesgo demasiado grande.

Al final toda la responsabilidad caerá sobre Ereditato; sin lugar a dudas ha cometido un error, pero acaba pagando un precio superior a su verdadera culpa. Perderá toda confianza y tendrá que dimitir como portavoz, mientras los mismos medios de comunicación que lo habían bautizado como el nuevo Einstein se mofan de él. En el momento de la caída y la vergüenza todos los que iban en el carro del que parecía el ganador se fueron disipando por el camino. El CERN finge que no ha pasado nada. Un comunicado tajante informa de que el OPERA ha encontrado defectos en el aparato experimental, lo cual invalida la veracidad de los resultados anunciados pocos meses antes. Al cabo de un tiempo, rememorando este periodo, Sergio Bertolucci recurrirá a uno de sus típicos chistes fulminantes: «Sabía que la cosa iba a acabar así. ¿Desde cuando, en Italia, hay algo que llegue antes de la hora prevista?».

Lo más probable es que el azar haya jugado un papel importante en la forma con que explotó la bomba de los neutrinos, pero quizá alguien necesitaba que el CERN produjera resultados espectaculares. La continua necesidad de ocupar la primera página es una de las consecuencias de la sobreexposición mediática en que se encuentra el laboratorio desde 2008. He pasado mucho tiempo intentando averiguar quién decidió vincular el *descubrimiento* del OPERA al CERN, pero todo el mundo le cargaba el muerto al vecino, así que creo que por esta vez mi curiosidad quedará sin satisfacer.

ACABAD CON ESA SEÑAL

Mientras el mundo entero dirige su atención hacia los neutrinos, nosotros seguimos analizando nuevos datos. Steve continúa aumentando la luminosidad de la máquina y todo marcha a la perfección. Recogemos datos en abundancia, pero también tenemos algunos problemas, el más delicado de los cuales es el *pile-up*.

Para aumentar la luminosidad, Steve ha aumentado la densidad de los protones de cada paquete y mejorado la focalización de los haces. Todo ello comporta un fenómeno habitual en máquinas como el LHC, pero nadie pensó que habría que afrontarlo tan pronto. Básicamente, lo que sucede es que el número de colisiones de cada choque de haces aumenta considerablemente. Rápidamente se pasa de una situación ideal donde de cada colisión podemos reconstruir solo una interacción a otro donde la media de las colisiones es de 12, llegando incluso a extremos de 25. Solo una de las colisiones es interesante pero cada una produce decenas de partículas que aumentan la confusión alrededor del evento que se quiere estudiar.

Los experimentos del LHC se construyeron previendo esta situación, pero es la primera vez que tenemos que afrontarla y nadie sabe a ciencia cierta si nuestras medidas de prevención funcionarán. En julio nos pusieron sobre aviso, y la gente empezó a trabajar inmediatamente. Muchos incluso renunciaron a cogerse una semana de vacaciones en agosto para asegurarse de que en septiembre, momento del último esfuerzo, todo estuviera a punto. Se desarrollaron ideas innovadoras que parecían funcionar muy bien sobre el papel, pero siempre conviene estar listo para intervenir porque nunca se sabe cuándo puede torcerse algo. Los eventos podrían ser lo bastante complicados como para no poder registrarlos sobre un disco. Nuestro infernal superprocesador, el circuito de trigger que selecciona y reconstruye únicamente los eventos prometedores, podría bloquearse al ser incapaz de digerir un flujo de información tan grande. También hay que comprobar que todos los análisis produzcan resultados fidedignos en estas nuevas condiciones. Hay que realizar simulaciones detalladas de todo y producir mediante ordenador infinidad de eventos para estar seguros de que los nuevos métodos funcionan correctamente.

Por suerte, este crecimiento no llega de improviso, sino de forma gradual, lo cual implica que disponemos del tiempo suficiente para realizar las comprobaciones paso a paso, y afinar la puntería si resulta necesario. El problema es que no podemos despistarnos ni un segundo. Para mucha gente son meses de arduo trabajo; buscan a toda costa acortar el tiempo necesario para reconstruir las huellas; intentan reducir la confusión en los calorímetros y mitigar los efectos del *pile-up* sobre la selección de electrones, fotones y muones, las partículas más importantes para reconstruir las señales del Higgs.

Paralelamente hay que comprobar la calidad de los nuevos datos; a menudo, hay que volver a procesarlo todo rápidamente para intentar aprovechar los últimos progresos en la alineación o las calibraciones. En pocas semanas queremos analizarlo todo y averiguar si el bosón está o no.

La «orquesta» toca ante un auditorio lleno y el «director» ha de mantener la calma. La armonía es perfecta, total. Una mirada o un leve movimiento de la batuta son suficientes para que cada sección de la orquesta entre y salga de la melodía a tempo, mientras los solistas alternan su virtuosismo. Nunca en toda mi vida he visto un grupo vasto y heterogéneo trabajando de una forma tan apasionada e incansable, como si fuera un único organismo.

Los resultados no se hacen esperar. Los grupos de análisis en primera línea son decisivos en la búsqueda del Higgs en masa baja. En cada uno trabajan un centenar de físicos divididos a su vez en pequeños grupos.

El grupo que estudia la desintegración del Higgs en parejas de W ha impulsado la sensibilidad del acelerador. Ya hemos mencionado que la resolución en masa de este análisis no puede competir con la del Higgs en dos fotones o cuatro leptones; estos últimos grupos serán decisivos. Pero si no observamos ningún exceso en la desintegración en dos W el esfuerzo podría ser en vano. Trabajando como condenados, los chicos del W han conseguido aumentar la sensibilidad de este canal, que ahora puede proporcionar información también de lo que ocurre más abajo, alrededor de 120 GeV, al abrigo del límite del LEP; esta región, hasta hace poco, se consideraba imposible de gestionar. Para asegurarnos de que el resultado es sólido, hemos organizado varios análisis independientes. Tres subgrupos muy competentes colaboran y compiten entre ellos, intentando superarse entre sí para producir los resultados más sólidos y convincentes, aquellos que serán publicados en el artículo de la colaboración.

El grupo que busca el Higgs en parejas de fotones sabe que está en el punto de mira, pero también siente la responsabilidad de producir resultados sólidos. Se enfrenta a dos desafíos importantes: llevar al máximo la calibración del calorímetro electromagnético y conocer perfectamente el fondo. Las señales de desintegración del Higgs en dos fotones son espectaculares, pero hay que distinguir un centenar de eventos del Higgs sepultados bajo decenas de miles de eventos de fondo casi idénticos. También en este caso se forman subgrupos independientes que utilizan métodos diferentes para identificar las mismas señales; cada resultado que produzcan será comprobado evento por evento por otros, hasta que los análisis coincidan perfectamente. Cualquier pequeña mejora en la resolución es importante. Un subgrupo estudia al detalle la respuesta del calorímetro: se observa con microscopio cada uno de los 75.000 cristales que lo componen; se analiza la respuesta de cada uno en función del punto de impacto de las partículas, se comprueba su respuesta en función del tiempo y se corrige cualquier posible variación de las condiciones por mínima que sea. Otros se encargan de aprovechar cualquier información sobre los dos fotones para reconstruir el punto donde se han originado y comprobar su compatibilidad con el punto donde ha ocurrido la colisión. También hay quien se encarga de dividir los eventos en clases diferentes, cada una con un peso diferente según la pureza de la señal que puede obtenerse. De esta forma se lleva al límite la sensibilidad, pero todo se complica cuando llega el momento de combinar los análisis.

Por último, hay un grupo que busca la desintegración del Higgs en cuatro leptones. En este caso, también ha sido necesario estudiar a fondo electrones y muones de baja energía y la forma de identificarlos en un ambiente de *pile-up* elevado como el de las colisiones de los últimos meses. Es necesario hacerlo si se quiere buscar el Higgs en una región de masa baja, porque sabemos que solo podremos contar con un puñado de eventos limpios. La desintegración del Higgs en dos Z, que a su vez se desintegran en electrones o muones, es un proceso muy claro porque hay poco fondo, pero los eventos son tan insólitos que no podemos permitirnos perdernos ni uno. Alguien ha descubierto que, a partir de las propiedades atribuidas al bosón de Higgs, se puede discernir mejor la señal del fondo analizando la distribución angular de los leptones en que se desintegra. Como en otros grupos, hay análisis independientes que compiten entre sí para ver quién produce mejores resultados.

En todos los grupos hay gente joven —y jovencísima— que quiere usar sistemas de análisis muy innovadores, recién introducidos en física y particularmente útiles en lo que respecta a la búsqueda de minúsculas señales en situaciones complicadas. Se llaman «análisis multivariantes» porque utilizan al mismo tiempo todas las posibles variantes para seleccionar los eventos interesantes. Pero en el CMS creemos que es pronto para utilizarlas para el Higgs: son análisis muy complejos y existe el riesgo de perder el control de lo que se está haciendo, pero a la vez son muy importantes porque permiten una última verificación de lo que está ocurriendo.

A principios de noviembre la búsqueda del Higgs todavía presenta algunos aspectos confusos. El grupo de parejas de W observa un exceso de eventos que afecta a toda la región por debajo de los 160 GeV; podría ser el primer indicio de que algo está ocurriendo en esa zona, pero hemos pasado por demasiados altibajos en este canal como para dejarnos llevar por el entusiasmo. Es más interesante la situación del Higgs en cuatro leptones. Por debajo de 130 GeV hay más eventos de los previstos, pero todavía no está muy claro lo que está ocurriendo. Tenemos dos eventos alrededor de 125 GeV y tres eventos en 119 GeV. ¿Qué zona será la correcta? ¿O acaso no son más que fluctuaciones estadísticas, condensaciones provisorias de eventos que se diluirán conforme lleguen nuevos datos?

Todos los ojos apuntan a la desintegración del Higgs en dos fotones, pero los grupos todavía no han logrado actualizar todos los datos, porque los estudios tienen que estar sincronizados y se esperan las calibraciones más recientes. Por esta razón, el 8 de noviembre, en una de las tantas reuniones del grupo, nadie está particularmente tenso. Excepto Vivek y yo, y algún otro participante, la mayoría de los presentes no sabe lo que está ocurriendo en los análisis. Nosotros participamos en todas las reuniones y tenemos información de primera mano; en cambio, la gente que trabaja en un grupo en concreto está tan absorbida por su propio trabajo que apenas tiene tiempo para hacer otras cosas.

Cuando entre los resultados aparece un pico en 125 GeV, pocos saben lo que está ocurriendo. En parte porque la posible señal es débil, en parte porque hay otro pico en 145 GeV, lo cual podría llevarnos a pensar que se trata de fluctuaciones estadísticas, pero quienes, como yo, acaban de pasar revista a los otros resultados, en cuanto ven estos les da un vuelco el corazón. La reunión sigue como de costumbre, entre preguntas y aclaraciones. Cuando a lo largo del día me cruzo con los chicos que están en primera línea de ambos análisis —y que entretanto han tenido tiempo de intercambiarse la información—, no nos hacen falta muchas palabras para describir la situación.

El nuevo objetivo es claro: tenéis dos semanas para «matar» esa señal. Haced lo que sea necesario para que desaparezca. Si no lo conseguís, antes de que acabe el mes hablaré con el director general.

Para el CMS son días de frenesí, miedo y ásperos conflictos. En cambio, el resto de la comunidad científica está de lo más tranquila. Todo el mundo comenta los posibles efectos de algo que ya ha quedado patente: el Higgs no existe.

Una semana después de mi cumpleaños especial nos reunimos en la Sorbona; es uno de los encuentros periódicos con físicos teóricos. Nuestros amigos discuten acaloradamente en su defensa de uno u otro modelo de nueva física para explicar la ausencia del Higgs. Hay quien, con un cuestionable *sense of humour* y recordando que Peter tiene más de ochenta años, empieza su conferencia con la figura de una lápida sobre la que se lee en grandes letras: HIGGS, y debajo R. I. P., *requiescat in pace*. Me mantengo apartado de estas discusiones, a las que asisto en silencio, con los ojos fijos en mi portátil, en contacto continuo con el CERN. Una leve sonrisa me ilumina el rostro.

7

LOS SIETE MESES QUE HAN CAMBIADO LA FÍSICA

UN ESCALOFRÍO EN LA ESPALDA

CERN, Ginebra, 28 de noviembre de 2011

Hicimos todo lo que pudimos durante semanas, pero no hubo forma de conseguirlo. Los chicos de los grupos de investigación del Higgs se emplearon a fondo en refutar los resultados o en buscar puntos débiles en los análisis. Los físicos más expertos, gente que ha visto de todo, intentaron enmendarles la plana a los más jóvenes. Los mayores expertos en detectores comprobaron uno a uno todos los eventos, en busca de la más mínima anomalía. Se formularon cientos de preguntas y para cada una se encontró una respuesta satisfactoria. No nos quedó otra que rendirnos: la señal había llegado para quedarse; llamé al director general y concertamos una cita para el 28 de noviembre.

Antes de que me dé tiempo a sentarme a la mesa con Sergio y Fabiola, Rolf me pide que empiece; está impaciente por ver los datos. Está al corriente de que hemos visto algo, porque ya lo hemos hablado, pero todo depende de los detalles. Abro el portátil y empiezo. Hago una lista de todos los modos de desintegración que hemos podido estudiar. Explico las dificultades que hemos afrontado al estudiar algunos de ellos, como los fermiónicos, que al principio incluso habíamos descartado. Luego muestro la sensibilidad que hemos conseguido alcanzar: el CMS es capaz de aportar información significativa en toda la región donde puede esconderse el Higgs.

Luego me centro en las investigaciones en masa alta. Ahora podemos afirmarlo con total tranquilidad: no hay nada que se parezca al bosón de Higgs en toda la región comprendida entre 150 y 600 GeV.

Pero si miramos por debajo de los 150 GeV, vemos que ocurre algo. No podemos descartar la existencia del bosón de Higgs por debajo de 128 GeV, porque en esta zona observamos un exceso de eventos dominado por los tres canales de desintegración más sensibles: el Higgs en dos W, en dos fotones y en cuatro leptones. Se puede observar un pico de masa en 125 GeV, sumamente parecido a lo que esperamos ver si apareciera el bosón de Higgs. Su peso estadístico no es suficiente como para poder decir que lo hemos descubierto. Todavía existe una posibilidad sobre cien de que se deba a una fluctuación del fondo —aunque muy por debajo de los estándares habituales— y no podamos asegurar que lo tenemos, pero no hemos conseguido que desapareciera de nuestros datos.

Luego le toca a Fabiola. Su exposición es breve, se limita a unas pocas palabras: «Nosotros vemos lo mismo». Un escalofrío nos recorre la espalda. No somos capaces de ocultar nuestra emoción mientras nos miramos fijamente a los ojos. Todos somos conscientes de la importancia del momento. Ahora estamos seguros de que es él. Sabemos que la probabilidad de que en ambos experimentos haya aparecido la misma fluctuación estadística en el mismo punto y en los mismos canales de alta resolución es realmente muy baja.

Con todo, no nos dejamos dominar por la emoción. Si alguien viera desde fuera a esas cuatro personas sentadas alrededor de la mesa en el despacho de Rolf, no podría adivinar que tienen entre manos el descubrimiento del siglo. Podría parecer una de las muchas reuniones rutinarias, pero un brillo en los ojos nos delata.

Ahora nos toca decidir la fecha del seminario donde comunicar abiertamente los resultados. Será el 13 de diciembre, un martes. Habrá que llamar a la prensa y organizarlo todo, evitando triunfalismos y procurando mantener una actitud modesta. Efectivamente, los dos experimentos del LHC ven lo mismo alrededor de 125 GeV, pero no hay que dejarse llevar por la emoción; en pocos meses habremos recogido nuevos datos y no hay peligro de que esta señal, tan tímida por el momento, se nos escape. No vale la pena hacer especulaciones.

Enseguida decidimos que no combinaremos los dos resultados. En 2012 los dos experimentos recogerán más datos de forma independiente y a finales de año se anunciará el descubrimiento, cuando la señal se haya reforzado lo suficiente en ambos como para despejar cualquier duda razonable. Esta estrategia nos protegerá de la posibilidad, si bien remota, de que lo que hoy vemos sea una fluctuación estadística.

Después de años de feroz competencia, de pugna por el primer puesto y de miedo de no conseguirlo, por fin sabemos que el ATLAS y el CMS cruzarán juntos la línea de meta, cogidos de la mano, como dos corredores del mismo equipo.

Son poco más de las 10.30, la reunión ha durado cerca de una hora y media y todos tenemos asuntos que atender. Nos despedimos, pero en cuanto salimos del despacho de Rolf, Fabiola y yo somos incapaces de resistir la curiosidad que nos invade, pero ya podemos hacerlo: nos hemos comportado de forma correcta y disciplinada durante años y ya no corremos el riesgo de condicionarnos el uno al otro. Nos sentamos a la mesa de cristal que hay en el rellano, al lado del ascensor, y pasamos el resto de la mañana con los portátiles abiertos hablando de las selecciones que hemos utilizado en cada experimento, los resultados de cada canal, los espectaculares eventos que hemos visto. Nuestros ojos brillan y sonreímos. La gente que pasa nos mira con aire de extrañeza, como preguntándose: «¿Qué será tan interesante como para que los dos portavoces del ATLAS y el CMS estén aquí discutiendo? ¿Por qué están tan contentos?». Lo sabrán en pocas semanas.

EN PLENA NOCHE

Dentro de unos días estaremos anunciando lo que hemos visto; las semanas previas son totalmente frenéticas. Seguimos realizando controles, y dentro de los equipos de colaboración brotan acalorados debates. No puedo hablar de los resultados del ATLAS; hemos decidido que mantendremos cierta discreción sobre los resultados del otro, mayormente porque podrían cambiar en cualquier momento. Si una sola de las comprobaciones fallara ahora, podría modificar drásticamente el curso de los acontecimientos.

En el CMS hay mucha gente entusiasmada, sobre todo los jóvenes, por los resultados que estamos obteniendo; también siguen nuestros análisis sobre el Higgs los físicos más expertos. Desde que apareció la primera señal he hablado con todos los «padres fundadores» del experimento, desde Michel Della Negra hasta Jim Virdee, para pedirles consejo y compartir la responsabilidad del momento. He obtenido un gran apoyo, mucho estímulo y algunos buenos consejos.

Podrá parecer extraño, pero cuando el debate se amplió a todos los equipos que colaboran también aparecieron miedos y fuertes resistencias. La idea de presentar los resultados en público ha generado un intenso debate. No faltan quienes desconfían de los resultados; algunos incluso se oponen abiertamente. En muchos casos, este escepticismo es una sana forma de prudencia; las señales todavía son muy débiles, no está tan claro que lo tengamos, podría tratarse de una fluctuación estadística, y yo no puedo decir que el ATLAS ha observado lo mismo, lo cual haría que todo fuera mucho más convincente. Pero también hay colegas que se aferran a viejos prejuicios: «No hay ninguna señal a 125 GeV, no es más que ruido de fondo». «El Higgs tiene una masa de 115 GeV, ya lo descubrimos en el LEP; eso es una falsa alarma.» Por último, no faltan las pequeñas envidias, las miradas recelosas de personas incapaces de dejar a un lado su ego. Ser científico no te hace inmune a las miserias humanas. Algunos se confiesan abiertamente: «Daría veinte años de mi vida por estar en tu lugar ahora mismo».

Conforme se acerca el seminario recibo a gente en mi despacho que me pide que no sigamos adelante: «Estás exponiendo al CMS a un riesgo enorme». «No hay nada en los datos que indique la presencia del Higgs.» «Asumes una gran responsabilidad presentando esos datos en público como si fueran las primeras pruebas de un descubrimiento; lo pagarás muy caro.» Soy consciente de que si todo salta por los aires muchos se me echarán al cuello y tendré que cargar con las culpas yo solo; si, por el contrario, acabamos descubriendo el Higgs, los mismos que han acudido a criticarme serán los primeros en sonreír y posar para la foto. Son las reglas del juego, y un portavoz las conoce perfectamente.

Cuando queda menos de una semana para el seminario, una llamada me despierta en plena noche; no es del P5, esta noche el *niño* duerme tranquilo. Llaman desde Italia, de La Spezia; me dicen que mi padre ha sido ingresado de urgencia. «Mi padre está enfermo —le digo a Luciana, que inmediatamente se incorpora—, tengo que irme.» Su única respuesta es: «Voy contigo». Me da tiempo a tomarme una taza de café fuerte y mandarle un correo a Kirsti y Nathalie, mis secretarias. Mi padre está ingresado en cirugía. Tengo que ir a verlo. Aviso a Auştin, Albert y Joe. Albert de Rock y Joe Incandela son mis dos vicarios; cuando no estoy ellos toman las riendas; por su parte, Austin Ball asume la responsabilidad técnica del detector. Les pido a todos que no difundan la noticia para evitarle más incertidumbre a un grupo ya sometido a excesivo estrés.

Meto algunas cosas en una bolsa y parto hacia La Spezia de noche. Tenemos por delante quinientos kilómetros de carretera y no hay tiempo que perder. El BMW 520d devora la autopista que lleva al Monte Blanco y pronto llegamos a la estatal que sigue hasta el túnel. Conozco cada curva, cada giro, la posición de cada radar. Antes de mudarnos a Ginebra iba y venía desde Pisa varias veces al mes; algunas en avión, pero la mayoría en coche, así que conduzco como un piloto automático. Aunque hay tramos en que me olvido del límite de velocidad.

La conocida vista de las chimeneas de la zona industrial nos avisa de que estamos llegando a nuestro destino. Un puerto comercial e industrias bordean la encantadora bahía que sedujo a Lord Byron y que todavía mantiene su belleza.

Llegamos jadeantes al hospital. Mi padre está vivo, aunque en coma inducido. Los cirujanos aún no se han marchado y son muy amables conmigo. Responden con paciencia a todas mis preguntas; me dan todos los detalles de la operación. Pero cuando pregunto si saldrá de esta, su mirada no deja lugar a dudas. Mi padre tiene ochenta y seis años, aunque siempre se ha mantenido en forma. Siempre ha practicado mucho deporte y, hasta hace pocos días, corría seis kilómetros cada mañana. Había participado en muchas maratones y ganado varios premios y medallas que los organizadores reservaban para los atletas más ancianos. Pero el golpe ha sido tremendo y los médicos son pesimistas. Tenemos que prepararnos para lo peor; será cuestión de unos días, quizá una semana.

Me dejan entrar en la sala de cuidados intensivos y me acerco a la cama. Mi padre, siempre irónico y sonriente, y con quien he hablado por Skype pocas horas antes, se debate entre la vida y la muerte, con la respiración asistida y conectado a monitores que controlan sus funciones vitales. A él lo ha destrozado el infarto; a mí, verlo en ese estado.

Los médicos dicen que no puede oír nada, que no puede entender lo que le digo, pero me acerco igualmente, le cojo las manos y le acaricio la frente mientras le cuento lo que ha ocurrido, por qué está ahí y qué han dicho los médicos de la operación. Le digo que he llegado y que está en buenas manos. Le hablo del niño que está a punto de nacer, su nuevo nieto, el hijo de Diego, mi hijo, que también es físico y vive en Chicago; le digo que todo va bien, que nacerá dentro de unos días. Luego le hablo de lo que está ocurriendo en el CERN y del bosón de Higgs. Le doy unos cuantos detalles y le anuncio el descubrimiento: fuera de la comunidad científica es el primero en saberlo. Él abre los ojos y me ve. Durante unos minutos podemos comunicarnos, a pesar de lo que digan los médicos. ¿Tienes frío? Mueve la cabeza en señal de que no. ¿Me reconoces? Dice que sí, y en sus ojos puedo leer consuelo y ternura. Seguimos igual durante un rato, luego se duerme de nuevo. Morirá al cabo de unos días, sin que vuelva a repetirse ese pequeño milagro.

EL GRAN ANUNCIO

Quedan pocos días para el seminario y el ritmo de trabajo del CMS es frenético; la tensión aumenta día a día. Tengo la sensación de que vivo una pesadilla. Divido mi tiempo entre ocuparme de los últimos controles de los datos e intentar convencer de la solidez de nuestros resultados a los escépticos, que no son pocos. Cada dos días me escapo a La Spezia de noche, aunque solo sea durante unas horas, para estar con mi padre; luego vuelvo rápidamente a Ginebra.

Los jóvenes que trabajan en los grupos de análisis están desbocados. Los animamos a que trabajaran en nuevas ideas y enseguida hemos recogido los frutos. Algunos han desarrollado el análisis multivariante para la desintegración del Higgs en dos fotones. No hay tiempo de verificar la validez de todo lo que hemos hecho; lo que estamos discutiendo no será presentado en público, pero para mí es muy importante entender qué está pasando. Este tipo de análisis es sumamente sensible, pero el exceso de eventos que hemos visto podría desaparecer. En cambio, no solo persiste la señal sino que si utilizamos todas las variables de forma optimizada se refuerza ligeramente.

Cuando llegan los resultados con las últimas calibraciones del calorímetro suspiramos aliviados. Al decidir utilizar las nuevas constantes de calibración nos arriesgamos bastante. Lo hicimos a ciegas, y si el exceso en dos fotones desapareciera se desmoronaría todo nuestro discurso, pero también en este caso la señal sobrevive. Unos chicos de Roma se han lanzado a estudiar un canal de desintegración que nadie consideraba realista teniendo en cuenta la limitada cantidad de datos que hemos recogido. En cambio, los resultados han sido asombrosos. Han buscado el Higgs desintegrado en dos fotones en eventos que incluyen dos chorros altamente energéticos emitidos en ángulo pequeño. Es la clásica firma del Higgs cuando es producido por la aniquilación de una pareja de W o Z. En este canal, la señal es mucho más inusual que en la tradicional producción del Higgs por fusión de gluones, así que muchos consideraban que era inútil intentarlo, pero los chicos de Roma hicieron un trabajo estupendo y encontraron la forma de seleccionar correctamente los eventos, y también vieron una señal alrededor de 125 GeV. A petición mía debatimos los resultados con todos los equipos y hubo mucha tensión. El análisis es preliminar y todavía podría contener errores; nadie ha tenido tiempo de examinarlo detalladamente y quedan pocos días para el seminario. Las discrepancias son enormes, así que finalmente se toma la acertada decisión de no incluir este análisis en los resultados oficiales. Pero para mí, que el martes daré la cara por los resultados del CMS, saber que la señal se encuentra también en este nuevo estudio es como un seguro de vida.

El domingo 11 de septiembre me quedo en casa preparando el seminario; solo quedan dos días y mañana será la prueba final. Han convocado a todo el CMS en el auditorio. Los que no estén en el CERN seguirán la reunión por videoconferencia.

Mañana subiré a la tarima y fingiré que delante de mí no están mis colegas, sino el público de científicos que abarrotará el martes el auditorio. La gente del CMS escuchará en silencio; después comentarán y preguntarán de todo, con el fin de criticar la más mínima incongruencia, cualquier posible duda; se fijarán hasta en el detalle más nimio del texto o de una figura.

Por la mañana me llaman desde el hospital para decirme que mi padre no lo ha conseguido. Gracias a su fortaleza ha sobrevivido seis días al ataque que sufrió, luego nos ha abandonado; los médicos tenían razón.

Apago el portátil para abrazar a Luciana; después llamo a Giulia y Diego. Esta semana nos hemos llamado todos los días para compartir la tristeza del momento y los detalles de lo que le ha pasado al abuelo, las palabras de los médicos, los breves episodios de las visitas, pero el teléfono no consigue acortar la distancia que nos separa. Recurrimos a Skype para mirarnos a los ojos, como si estuviéramos sentados a la misma mesa, para llorar juntos, hablar del abuelo, compartir nuestro dolor. Un domingo de tristeza y consuelo con la pequeña tribu que renueva el antiguo rito fúnebre del recuerdo y el llanto para superar el luto y olvidar la distancia que nos separa e impide que nos abracemos.

La prueba general del seminario ha sido un poco desastrosa. No tanto por lo que he dicho —el contenido del discurso era correcto, así como la presentación del enorme trabajo realizado— sino por mi actitud, que ha dejado a todo el mundo sorprendido: tenía la mirada perdida y el lenguaje corporal revelaba mi malestar. Lo he visto en la mirada de esos cientos de ojos concentrados en mí, preguntándose: «¿Dónde está el portavoz agresivo y tranquilo que hemos conocido todos estos años? ¿Qué le habrá pasado a Guido para que se le vea tan inseguro? ¿Por qué habla de su trabajo sin pasión, con la mirada perdida, como indiferente, como si el tema del seminario no tuviera nada que ver con él?».

Tomo nota de las muchas observaciones que me hacen y prometo tenerlas en cuenta, pero cuando nos despedimos advierto miedo y dudas en la mirada de la gente que me anima y me da palmadas en el hombro. El día siguiente todos entenderán lo que ha pasado, pero ahora no hay tiempo para dar explicaciones. Tengo que llamar a François Englert antes del seminario. Se lo prometí en septiembre, cuando nos vimos en Bruselas y él me dio su número. «Prométeme que me llamarás en cuanto veas las primeras señales del bosón», me dijo. «De acuerdo, pero a cambio tendrás que invitarme a Estocolmo cuando te den el Nobel.» Un enérgico apretón de manos y una sonrisa sellaron el pacto. La llamada a François dura aproximadamente media hora. Está como siempre, alegre y dicharachero, no cabe en sí de la emoción y quiere saber hasta el último detalle. Le cuento que seremos muy prudentes y que no saldrá ningún anuncio formal del seminario. Con todo, los resultados son claros y en cuanto volvamos a recoger datos no tardaremos mucho en anunciar el descubrimiento. Nos despedimos con una última advertencia. «Anula cualquier compromiso que tengas para la primera semana de julio», le digo. François tenía planeado viajar por Estados Unidos durante esa época con su mujer. Sin dudarlo, le pido que lo cancele cuanto antes: «¡No puedes estar en Estados Unidos cuando anunciemos el descubrimiento!».

La conversación con Peter Higgs es mucho más breve y tranquila. Para conseguir hablar con él esta noche he tenido que telefonear a algunos amigos en común durante tres días. No acostumbra usar el teléfono ni responde a las llamadas. Peter deja que le cuente todo lo que está ocurriendo en el CERN sin interrumpirme. Cuando llego a la médula del asunto y le digo que existen pruebas de que el bosón podría encontrarse en 125 GeV y que será mejor que se prepare porque 2012 será un año muy intenso, su respuesta no pasa de las siete letras: «Oh my God!». Me da las gracias y se despide; tengo la sensación de que está más preocupado por la tormenta de interés mediático que se le viene encima que contento por los resultados que confirman su intuición de 1964.

A primera hora de la mañana me resulta evidente que el encuentro de hoy será muy especial. El seminario se celebrará a las dos del mediodía. Las puertas del auditorio se han abierto a las 8.30 y al cabo de pocos minutos no quedan vacías más que las sillas de la primera fila, donde están los carteles de los invitados. El seminario se emite en directo y lo seguirán millones de científicos de todo el mundo. Cientos de colegas de laboratorios repartidos por todos los husos horarios se han puesto de acuerdo para seguir juntos la presentación: algunos se han citado a las seis de la madrugada en San Francisco, a las once de la noche en Tokio y a medianoche en Melbourne. A Ginebra acuden varios equipos de televisión y cientos de periodistas. Remarcando la excepcionalidad del evento se anuncia que lo presidirá el mismísimo Rolf Heuer, un hecho sin precedentes en la historia del CERN.

Y empezamos: el ATLAS abre el seminario; lanzamos una moneda al aire y les tocó a ellos. Fabiola está tranquila y segura, pero sus ojos revelan cansancio y falta de sueño. Más tarde descubriré que ha pasado la noche en el hospital por culpa de una dolorosísima inflamación de los dientes y que han querido operarla de urgencias. Ha tenido que insistirles a los médicos para que la atiborraran de analgésicos y la dejaran marchar. Los dos estamos bastante hechos polvo, pero casi nadie lo nota. Esta mañana, la ansiedad que llevaba acompañándome las últimas semanas, y que luego se mezcló con el desconsuelo por la muerte de mi padre, ha desaparecido. Anoche me quedé despierto y en tensión hasta bastante tarde, retocando y ordenando el material de la presentación; después pude descansar unas horas y he terminado el trabajo esta mañana al despertarme; luego me ha invadido una sensación de calma que raras veces noto en momentos similares. Me sentía ligero al caminar y le sonreía a cualquiera que se me cruzara. Sabía que todo iría bien. Estaba seguro.

La sala se suma en un silencio ensordecedor cuando Fabiola refiere todos los estudios que se han llevado a cabo para poner a punto los instrumentos más importantes: la calibración del calorímetro, la alineación del sistema de muones, los análisis del fondo. Luego se centra en las tres líneas de investigación más importantes en masa baja. Muestra el exceso que se detectó en la desintegración en dos W; luego enseña la pequeña cresta en 125 GeV en la búsqueda del Higgs en dos fotones y un puñado de eventos en cuatro leptones concentrado en la misma zona; combinando los tres canales descubrimos un pico alrededor de 126 GeV. Todavía es muy débil para anunciar un descubrimiento pero demasiado evidente para creer que se trata de una fluctuación estadística. La conclusión es prudente, pero el aplauso tenso y convencido que sigue a su intervención tiene un significado claro: quizá lo tenemos.

Luego llega mi turno. Arranco a hablar en un ambiente tenso y esperanzado. Siento que el auditorio sopesa cada coma de lo que digo. Enumero, uno a uno, todos los canales de desintegración que hemos estudiado. Son muchos más de los que han mostrado los del ATLAS. Demuestro que en masa alta no hay nada, estamos seguros. Por debajo de 150 GeV empiezo hablando de los canales fermiónicos, el Higgs que se desintegra en parejas de quarks «b» y leptones tau; son de los canales más difíciles, esos que el ATLAS todavía no ha conseguido estudiar. Durante las últimas semanas hemos hecho un esfuerzo sobrehumano y hemos conseguido completar el análisis, y también ahí hemos encontrado algún indicio del Higgs. Avanzo sereno y seguro, mirando a todo el mundo a los ojos, y reconozco uno a uno a todos los jóvenes del CMS sentados en última fila; por sus miradas descubro que se sienten orgullosos de su experimento. Cuando muestro que nosotros también vemos un exceso de eventos en los tres canales clave, y sobre todo que hay algo alrededor de 125 GeV en la investigación en dos fotones y en cuatro leptones, percibo cierto movimiento en la sala; es como si todo el mundo hubiera estado aguantando la respiración hasta ese momento. Al final de mi intervención disecciono el exceso que hemos encontrado, realizando una especie de estudio anatómico. Efectivamente, todo lo que vemos es compatible con una primera señal del Higgs, pero la conclusión es prudente: la señal no es lo bastante fuerte como para permitirnos sacar conclusiones definitivas. Tendremos que esperar a recoger los datos de 2012.

Al acabar mi intervención la sala estalla en un sonoro aplauso que nos envuelve y parece no tener fin. Todo el mundo sabe que la probabilidad de que los dos experimentos vean la misma fluctuación estadística en el mismo punto es bajísima.

El dispositivo habilitado para la emisión en directo tuvo problemas desde el primer momento; no todos los que quisieron conectarse pudieron conseguirlo. De todos modos, más de 15.000 personas de todo el mundo siguieron el seminario.

Al acabar, Rolf, Fabiola y yo nos dirigimos a la Filtration Room para responder a las preguntas de los periodistas; se ha convocado una rueda de prensa en una sala con aforo para doscientas personas; esta sala es fruto de la reestructuración del edificio industrial que contenía instalaciones para el agua, y donde ahora bullen las cámaras y los dispositivos que enviarán los reportajes a redacción. Los periodistas quieren que digamos cosas como «Está bien, lo tenemos» para ponerlo en grandes titulares. Pero la disciplina que nos hemos impuesto nos permite esquivar indemnes todo tipo de trampas. Tenemos indicios de que podría estar ocurriendo algo alrededor de los 125 GeV, pero todavía es pronto para sacar conclusiones: esperad unos meses y lo sabremos.

La tarde parece no acabar nunca: son casi las seis cuando volvemos a la sala de reuniones en la sexta planta del edificio principal para responder a las preguntas del comité que gestiona la política científica del CERN. Durante un par de horas discutimos con otros treinta colegas que se cuentan entre los mejores físicos del mundo; nos ponen a prueba, nos acribillan a preguntas y quieren todos los detalles reservados de los resultados que acabamos de presentar, pero Fabiola y yo nos las apañamos.

A las ocho de la tarde nos vamos en coche con Sergio a Evian, donde nos esperan los físicos e ingenieros del LHC. Estamos exhaustos. No hemos probado bocado en todo el día y hasta ahora la adrenalina nos ha mantenido despiertos, pero en cuanto nos sentamos en el coche caemos rendidos. Tenemos hambre. Miramos con voracidad la serie casi infinita de pizzerías y restaurantes que bordean la carretera y soñamos con un plato de pasta que llevarnos a la boca, pero no tenemos tiempo. En un hotel de Evian, a 65 kilómetros del CERN, nos esperan Steve Myers y el grupo que ha conseguido que la máquina trabaje tan bien durante este año mágico, permitiéndonos conquistar nuestro objetivo. Es su retiro anual: dos días en que comparten sus experiencias y proponen nuevas ideas para el acelerador. Llevan esperándonos dos horas y no podemos faltar. Fabiola y yo prometimos hace tiempo que, pasara lo que pasara la tarde del 13, nos reuniríamos con ellos. Cuando llegamos todo el mundo aplaude y nos dan palmadas en el hombro, pero mientras nosotros soñamos con sentarnos a la mesa, nos piden que repitamos brevemente el seminario especial que acabamos de concluir. No podemos negarnos, se lo debemos. Aun a riesgo de desmayarnos, abrimos los portátiles y pasamos otra hora explicando y respondiendo a las preguntas. Cuando conseguimos llegar al comedor, antes de sentarnos Fabiola y yo nos apartamos un momento e intercambiamos una mirada que dice: «ya está». Es un día para estar contento. Hemos hecho algo grande que será recordado.

EN EL MAR DE PORTOVENERE

La última diapositiva del seminario era una bonita foto de mi padre sonriendo. Le dediqué mi intervención porque sabía lo orgulloso que habría estado si hubiera podido presenciar ese momento. Todavía recuerdo su orgullo al asistir a la disertación de mi tesis de licenciatura en 1975 en Pisa. Esta vez sus ojos también habrían brillado de alegría. Muchos de mis colegas me escribieron para felicitarme; apreciaban la sinceridad y el valor que yo había mostrado al recordar un dolor tan personal y vivo en un momento delicado de mi vida profesional.

Dos días después del seminario vuelvo a La Spezia para el funeral. Siempre que hablábamos del asunto mi padre se pronunciaba en el mismo sentido: quería ser incinerado y que sus cenizas se esparcieran en el mar.

Mi padre fue siempre un gran amante del mar, pasión que me transmitió desde muy pequeño. Todavía recuerdo mi alegría cuando, siendo niño, me decía: «¡Vamos!», y nadábamos durante horas desde la playa de piedras de Monterosso hacia un escollo que había en dirección a Punta Mesco, el cabo que separa la última de las Cinco Tierras de Levante. Hoy en día acuden allí millones de turistas y visitantes durante todo el año, pero entonces la costa ligur estaba jalonada de soñolientos pueblecitos de pescadores donde merodeaban raros veraneantes.

En el mar nadábamos a unos diez metros de distancia el uno del otro, con un ritmo pausado pero regular. Llevábamos aletas, gafas de buceo y tubo, para poder ver los pulpos tendidos sobre las rocas del fondo. De vez en cuando nos mirábamos para comprobar que todo estaba en orden. Todavía recuerdo la sensación física de bienestar y fuerza que me proporcionaban aquellos interminables chapuzones.

Me informé en el Ayuntamiento y en la Capitanía de Puerto; esparcir las cenizas de un difunto en el mar no es una tarea sencilla: se necesitan autorizaciones de todo tipo y nadie te asegura que te las concedan. Finalmente dejo de insistir: sé lo que tengo que hacer.

Recojo la urna con las cenizas de mi padre; he de llevarlas al cementerio para enterrarlas. Lo que tengo que hacer no requiere mucho tiempo. Corro hacia Portovenere, la pequeña joya que delimita al norte la bahía de La Spezia. Es un día de diciembre muy limpio y las casas multicolores se recortan contra los Alpes Apuanos nevados y las cuevas de mármol; la isla de la Palmaria está justo delante. En lo alto, a un lado, está la pequeña iglesia de S. Pedro. A mi padre le habría gustado el día y habría asentido con la cabeza y sonreído por la elección de dejarlo descansar donde quería, en el mismo mar donde se zambullía todos los veranos.

A menudo la vida se divierte jugando con nuestras emociones. Cuatro días después del seminario, al otro lado del océano Atlántico, en Chicago, nace un niño a quien Diego, siguiendo una antigua tradición de relevo generacional, ha decidido llamar como su abuelo: Giuliano.

A CIEGAS

Entretanto, el eco del seminario da la vuelta al mundo. Cientos de periódicos y televisiones anuncian que el CERN está acorralando el bosón de Higgs y que algo se mueve en 125 GeV. Hemos sido prudentes, hemos medido nuestras palabras y utilizado frases ambiguas, pero los más versados en la materia saben lo que está pasando.

Incluso antes de las declaraciones oficiales ya corría la voz de que ambos experimentos veían algo en 125 GeV. Algunos teóricos se habían lanzado a escribir artículos que vaticinaban que el Higgs estaba justamente ahí, en esa masa, e hicieron todo lo posible por publicarlos antes del 13 de diciembre. Otros habían empezado a cavilar sobre lo que implicaba el descubrimiento: el impacto en la supersimetría, la posible relación con la inflación, la estabilidad del vacío. Incluso hubo quien, como John Ellis, realizó inmediatamente después del seminario una combinación con los resultados de ambos experimentos; el discurso, que circula por todas partes, no deja lugar a dudas. Los artículos que exponen los datos presentados en el seminario recogen cientos de citas.

El mensaje llega alto y claro incluso a las altas esferas de la política. Es el 15 de diciembre, han pasado dos días desde nuestro seminario, y el primer ministro japonés Yoshihiko Noda se persona en un simposio de físicos reunidos en Tokio para anunciar que su país está dispuesto a acoger una nueva máquina de 7 u 8 millardos de dólares. Se llamaría ILC y sería un enorme acelerador lineal, una verdadera «fábrica de Higgs», una máquina que permitiría estudiar detalladamente el nuevo bosón vislumbrado en el CERN. La carrera por el liderazgo en la nueva generación de aceleradores pos-LHC ha empezado antes siquiera de que tengamos la certeza de su descubrimiento.

Entretanto toca prepararse para la nueva recolección de datos. La estrategia es clara: para evitar cualquier condicionamiento, cada uno de los experimentos efectuará los análisis «a ciegas». Al principio nadie mirará hacia los nuevos datos alrededor de 125 GeV, donde se sospecha que está escondido el Higgs. Cuando todos los protocolos de análisis de este nuevo *run* se hayan definido, en un momento fijado con anterioridad, se abrirá la caja que contenga los nuevos datos y se verá si también durante 2012 hemos encontrado la misma señal que se presentó en 2011. El momento acordado por los experimentos se fija a mediados de junio.

Desde principios de enero, Joe Incandela, que ha sido elegido como mi sucesor a la cabeza del CMS, toma las riendas del experimento. El tren va a toda velocidad pero todavía podría descarrilar por culpa de algún imprevisto o por algún detalle mal organizado. La tensión es enorme.

En la reunión de Chamonix de 2012, Steve Myers acepta la propuesta de elevar la energía a 8 TeV. La experiencia de 2011 nos ha vuelto a todos más confiados. También podemos intentar apostar por la luminosidad, a condición de que los experimentos aprueben un nuevo aumento del *pile-up*. El aumento de la energía convence a todo el mundo, porque con ella aumenta el número de bosones de Higgs que puede producirse, pero un nuevo aumento del número de interacciones asusta. Se alcanzaría una media de veinte colisiones por cada choque de haces, con picos de hasta cuarenta. ¿Serán capaces los detectores de aguantar este infierno? ¿Y los análisis del Higgs, sobre todo los más críticos, sobrevivirán? Al final aceptamos el desafío, pero tenemos que volver a empezar de nuevo en muchos aspectos. Se rediseñan las lógicas de trigger; se producen miles de simulaciones de miles de eventos con la nueva energía de 8 TeV; se inventan nuevas técnicas para mitigar los efectos del *pile-up* sobre los análisis más sensibles; y todo tiene que estar acabado en pocos meses, porque a principios de abril volvemos a la carga.

La reunión anual que tiene lugar en La Thuile a principios de marzo es la cita más importante de una serie de conferencias invernales que se celebran en varias localidades dedicadas al esquí de los Alpes y las Montañas Rocosas; el tema principal de este año es la primera evidencia del Higgs. Dentro de la comunidad todavía hay fuertes discusiones: muchos están convencidos de que el Higgs ya ha sido descubierto, pero no falta quien se mantiene escéptico. Queda poco para el 4 de julio y todavía me cruzo con colegas que están convencidos de que no hay nada en 125 GeV. He ideado una estratagema para minar su convicción: les propongo una apuesta, pero no de veinte dólares, sino de cifras grandes. Lo hago riendo, pero quiero que se queden dudando de la seriedad de mi proposición. Tengo una libreta donde apunto las iniciales seguidas de la suma de la apuesta, y las leo en voz alta: G.L. 15.000, C.P. 20.000, etcétera; más de uno ha palidecido al oírme. Obviamente, nunca he intentado cobrar esas apuestas, pero si lo hubiera hecho ahora sería rico.

Desde que volvió a ponerse en marcha a principios de abril, el LHC ha funcionado de forma impecable. A mediados de junio se habían recogido otros 5 fb^{-1} de datos nuevos. Los análisis están listos, solo falta mirar los datos, para lo cual se escoge el día 15 de junio, pues después tendremos un par de semanas para preparar los resultados que se presentarán en la sesión de apertura del ICHEP (International Conference on High Energy Physics). Este año la conferencia se celebrará en Melbourne, Australia, y empezará el 4 de julio.

Ha llegado el momento de la verdad. La elección de realizar los análisis a ciegas no fue una orden de nuestros superiores, sino una indicación debatida por los grupos del ATLAS y el CMS. Durante semanas se estuvieron discutiendo los pros y los contras de la estrategia propuesta, que al final fue aceptada por todos. Ambos equipos son conscientes de todo lo que hay en juego y comprenden lo necesaria que es la autodisciplina; por eso nadie la ha quebrantado. Hasta ayer, cuando los analistas se pusieron en marcha: tenían veinticuatro horas para lanzar sus programas; han trabajado durante toda la noche controlando y produciendo cientos de discursos y preparando las presentaciones que hoy, por primera vez, podremos discutir juntos.

Es viernes al mediodía y en Ginebra hace un calor asfixiante. No es habitual, pero este verano anticipado nos obliga a dejar abiertas las puertas de la Filtration Room, que está totalmente abarrotada y no tiene aire acondicionado. Los asientos libres han sido ocupados en un abrir y cerrar de ojos, así que mucha gente está sentada en el suelo. Otros cientos de personas nos siguen por videoconferencia. Todo el mundo sabe que es un día especial. Yo no dudo del resultado de los análisis, pero siento curiosidad, como todos.

Durante los últimos meses los análisis del Higgs han mejorado. Un trabajo meticuloso ha convencido a muchos de la utilidad de los análisis multivariante en muchos campos. En todos los análisis varios grupos independientes han seguido caminos diferentes pero complementarios y la sensibilidad no ha hecho más que aumentar. Sea cual sea la conclusión que saquemos hoy, los resultados serán sólidos.

Cuando entro en la sala me doy cuenta de que no habrá sorpresas. Los chicos que han visto los resultados durante la noche y que han preparado las conferencias hasta hace poco me saludan con una sonrisa y palmadas en el hombro. Alguno quiere sacarse una foto de recuerdo conmigo antes de empezar. Para rebajar la tensión, Albert de Roeck ha venido a la reunión con una venda negra sobre los ojos, de las que se utilizan en los aviones para dormir durante los vuelos intercontinentales, y a su alrededor todos ríen. Enseguida empiezan las presentaciones: veo gente joven, y muchas chicas.

Los resultados de la desintegración del Higgs en dos parejas de W son buenos. Los presenta un chico italiano que ahora trabaja con Vivek Sharma en California. Hay un claro exceso de eventos en la región de baja masa; es oportuno que lo haya, pero todos sabemos que por sí solo este resultado no es resolutivo.

Cuando llega el momento del Higgs en dos fotones toda la sala contiene la respiración. La joven que presenta los resultados está tranquila y dispuesta a bromear; es una estudiante china del MIT, y expone los resultados creando cierto suspense, como en un programa de televisión. «Estos son los resultados de 2011 —dice mientras enseña un pico alrededor de 125 GeV—, pero vosotros queréis ver los de 2012, ¿verdad? Contad conmigo hasta cero: 3, 2, 1...», y proyecta los resultados de 2012 con un evidente pico en el mismo lugar. Combinando los dos resultados la probabilidad de que el pico se deba a una fluctuación estadística se reduce a una sobre cien mil.

Luego llega el turno del Higgs en cuatro leptones; le toca a una chica italiana presentar los resultados. También aquí, durante 2012, un grupo de sucesos se ha acumulado en la misma zona donde hemos registrado un exceso en 2011, en 125 GeV, pero ahora la probabilidad de que se trate de una fluctuación estadística del fondo para este canal en particular se ha vuelto de una sobre diez mil. No hace falta seguir. Todos sabemos que combinando los resultados de los tres análisis principales la probabilidad estará por debajo de una sobre un millón: hemos alcanzado el nivel de certidumbre que nos permite anunciar el descubrimiento.

Se informa a Rolf y Sergio del resultado. Todavía hay que realizar muchas comprobaciones y controles y, sobre todo, debemos ver lo que tiene el ATLAS, pero los del CMS ya lo tenemos.

Después de ese viernes de mediados de junio nadie habla, pero no es difícil adivinar lo que está ocurriendo. La gente del CMS se mueve por la cafetería del CERN con los ojos brillantes, esbozan amplias sonrisas y se les ve de buen humor. Los mensajes que nos llegan del ATLAS son más dudosos. Por los pasillos se dice que hay una fuerte señal del Higgs en dos fotones, pero los eventos en cuatro leptones registrados en más de la mitad de la estadística son escasos todavía. Ese canal, tan importante, no está dando los frutos esperados, y en el ATLAS cunde el miedo a que el CMS sea capaz de anunciar el descubrimiento y ellos no puedan más que confirmarlo, presentando una señal más tímida y menos convincente. En el CMS se presiona para presentar los resultados en un seminario especial, antes de asistir al ICHEP, igual que en diciembre. El ATLAS gana tiempo y frena, pero al final, el 22 de junio, Rolf fija una fecha para el seminario. Incluso el Consejo del CERN, que ha recibido filtraciones de los resultados, insiste en presentar los datos en público antes de ir a Melbourne. Está decidido, se hará el 4 de julio, la última fecha posible para partir a mediodía y llegar a Australia al día siguiente. Se ha dispuesto que el seminario comience a las nueve de la mañana, para que los asistentes a la sesión inaugural de la conferencia puedan presenciarla en directo.

Pero todavía quedan algunas dudas; nadie, ni siquiera el CMS, quiere utilizar la palabra descubrimiento. Al cabo de unos días, incluso en el ATLAS respiran aliviados. Como de costumbre, la estadística les había jugado una mala pasada. Al analizar la última parte de los datos aparecen esos preciados eventos que tanto esperaban. Un sustancioso grupo de eventos en cuatro leptones concentrado alrededor de 125 GeV encarrila de nuevo el experimento. Es más, su señal es casi más convincente que la nuestra. La combinación de los varios canales que produce el ATLAS el 25 de junio supera con creces el umbral para anunciar el descubrimiento: los gritos de júbilo que resuenan fuera de la sala donde se reúnen los equipos que colaboran son prueba suficiente. Ya no cabe ninguna duda: el seminario del 4 de julio pasará a la historia.

HIGGS-DEPENDENCE DAY

Si la experiencia del 13 de diciembre de 2011 supuso un chasco para mucha gente que no pudo presenciar el seminario en persona, esta vez será peor incluso. Desde la noche anterior hay personas acampadas en el primer piso esperando a que abran las puertas para colocarse en las primeras filas. La mañana del 4 de julio me dirijo al auditorio; tengo curiosidad por saber lo que está ocurriendo en el que pasará a la historia como el «Higgs-Dependence day».

Sigo molesto por el golpe bajo que han querido asestarnos los del Tevatrón. Hace un par de días publicaron un artículo en el que intentaban demostrar que habían sido los primeros en ver el bosón de Higgs. Al leerlo se da uno cuenta de que no contiene ninguna novedad. En la búsqueda del Higgs que se desintegra en dos chorros de quarks «b» ven un exceso de eventos en la región comprendida entre 115 y 145 GeV, compatible con una nueva partícula en dicha región. Demasiado fácil. Sabían desde diciembre que habíamos localizado un exceso en 125 GeV; sabían lo que estaba ocurriendo en el CERN estos últimos meses y han intentado jugárnosla hasta el último momento. Es una artimaña indigna para intentar alejar los focos de lo que tendrá lugar hoy, con la esperanza de subirse al carro de los ganadores. La jugarreta es ruin y pasará sin pena ni gloria, a pesar de provocar la irritación de muchos, entre los cuales me encuentro.

A las 7.30, cuando llego, la cola para entrar es una enorme serpiente formada por cientos de personas que se extiende a lo largo de dos pisos y cruza la cafetería. Solo unos pocos conseguirán entrar. Nadie se mueve. Sigo la cola hasta la escalera que lleva al primer piso y el ambiente me recuerda al de un concierto de rock. Me encuentro con chicos y chicas del CMS que me paran para saludarme y me estrechan la mano. Cuando llego a la escalera estalla un aplauso ensordecedor y un griterío, y miro alrededor, preguntándome a quién van dirigidos hasta que me doy cuenta de que me los dedican a mí. Todos aplauden, incluso los del ATLAS y algunos desconocidos de la fila. Doy las gracias y saludo, avergonzado por ese inesperado homenaje que me ha conmovido.

Esta vez han invitado a todo el mundo. Carlo Rubbia, Luciano Maiani y los demás ex directores generales del CERN, Steve Myers y Lyn Evans; y sobre todo los chicos del 64. Abrazo a François Englert en cuanto entra en la sala; reímos y compartimos nuestra alegría, pero soy incapaz de contenerme: la corbata que lleva es horrible y desentona terriblemente con la chaqueta negra y la camisa roja a rayas. Mi mirada perpleja no pasa inadvertida: François me explica que los espantosos cubitos dorados que la decoran son las partículas del Modelo Estándar; la corbata se la regaló Gerard 't Hooft, quien la había diseñado personalmente, y él le prometió que la llevaría si se descubría lo que él llama el «escalar del Modelo Estándar», una perífrasis que utiliza para no pronunciar el nombre del viejo rival.

Cuando entra Peter Higgs el auditorio está hasta los topes y estalla en aplausos y gritos, un estruendo que parece no tener fin. Peter, sonrojado, se sienta en su sitio y saluda a los chicos que lo han acogido tan fervientemente con una tímida sonrisa y un ademán.

Esta vez abre la sesión el CMS. Joe Incandela utiliza decenas de diapositivas para ilustrar detalladamente el trabajo de delicada preparación de los análisis, pero no se decide a mostrar los resultados. El tiempo previsto para el turno del CMS debería haberse agotado y un murmullo recorre la sala, aunque nadie se atreve a interrumpirlo. Hay que esperar hasta la diapositiva número cuarenta y tres para poder ver los resultados del Higgs en dos fotones. La suave cresta de diciembre se ha convertido en un exceso indiscutible; incluso a simple vista puede apreciarse que en 125 GeV está ocurriendo algo. Cuando Joe muestra los resultados de la desintegración del Higgs en cuatro leptones la sala se sume en un profundo silencio; después le toca al canal del Higgs en dos W. En cuanto muestra que, al combinar estos canales, la señal se desengancha del fondo de 5 sigma, el estándar que hay que superar para pronunciar la palabra «descubrimiento», estalla un largo y sonoro aplauso. Todos sonríen, incluso Joe, visiblemente aliviado de la tensión que lo abrumaba hasta el momento. La presentación no ha terminado, pero todos han escuchado lo que querían oír. Joe no pronuncia la palabra «descubrimiento», pero el efecto de los resultados está más que claro. El aplauso que cierra el seminario es fuerte y convencido.

Le llega el turno a Fabiola, que sube a la tarima inmediatamente después. Su intervención es más breve: al cabo de unos veinte minutos ha completado la introducción y muestra los resultados. Ella también empieza con los dos fotones y muestra una señal inequívoca, lo bastante fuerte como para que pueda pronunciar la frase que nadie quiere decir: «Lo hemos descubierto». También en la desintegración en cuatro leptones la señal del ATLAS es tan robusta y convincente como la del CMS. En pocos minutos acaba de explicar el exceso en dos W y llega a la conclusión: la combinatoria de las señales supera los 5 sigma. La presentación no ha terminado, pero nadie puede contener el aplauso, más fuerte todavía; los jóvenes se exaltan y profieren gritos y entonan canciones de pie.

Todas las miradas se dirigen ahora hacia esa zona del auditorio donde están sentados François Englert y Peter Higgs. Ambos están visiblemente conmovidos; Peter se enjuga las lágrimas con un pañuelo; cuando al cabo de unos minutos se le ceda la palabra a François, dirá que su pensamiento está con Robert Brout, compañero de tantas aventuras fallecido en 2011, sin haber disfrutado de la satisfacción de saber que estaban en lo cierto.

Peter no explicará el motivo de su conmoción y seguramente todos imaginarán que sus lágrimas eran de alegría, pero yo estoy convencido de que en ese momento pensó en Jody, su querida ex mujer, y en el precio que tuvo que pagar para llegar hasta este momento.

Al final de la presentación toma la palabra Rolf, que pronuncia la frase que todos estábamos esperando: «Creo que lo tenemos. ¿Estáis de acuerdo? Lo hemos descubierto, hemos observado una nueva partícula que tiene características coherentes con las previstas para el bosón de Higgs».

Durante más de veinte años hemos estado luchando por un sueño, y hemos tenido que superar muchos altibajos. Luego, cuando parecía que nuestros esfuerzos se convertirían en el enésimo fracaso, justo en el momento más bajo, ocurrió algo: empezamos a ver eventos muy especiales, y aparecieron los primeros indicios. Al final, todo cobró una velocidad inesperada y en pocos meses las cosas cambiaron por completo.

Han pasado poco más de siete meses desde que aparecieran las primeras y tímidas señales, y ahora el mundo entero celebra este nuevo y gran descubrimiento. Todavía nos cuesta

creerlo. Ha sucedido todo tan rápido que es difícil convencerse de que realmente ha ocurrido. Este descubrimiento marca
un antes y un después: nada volverá a ser igual. La física ha
cambiado profundamente, para siempre. Pero ¿en qué dirección?

8
EL SECRETO DEL UNIVERSO

LA VIRGEN Y LA MATERIA OSCURA

Verdello (Bérgamo), 29 de octubre de 2012

En los alrededores de Bérgamo, cerca de las fábricas de Dalmine, el desorden urbanístico es abrumador. Autopistas, centros comerciales, naves industriales y viejos núcleos urbanos se alternan y sobreponen de la forma más caótica; parece que los administradores locales compitan para ver quién consigue acumular más porquería en su territorio. En esta perversa amalgama no solo se pierden los humanos, también el GPS enloquece; intenta convencerte de que gires a la derecha cuando no hay calle ninguna, solo un canal de agua estancada.

Después de varios intentos y un par de vueltas llego a la Alquería Germoglio de Verdello, la empresa agrícola que buscaba. De repente todo está ordenado y bonito. Es como entrar en una de esas granjas de las películas de Walt Disney. Prados cuidados, bosquecillos, vacas pastando. Por todas partes se ven recintos con gallinas y conejos; y más allá, detrás de una valla, hay caballos. Incluso da vueltas sobre nuestras cabezas un halcón amaestrado. Tras recibirnos, Piero Lucchini lo llama con un silbido para que podamos verlo, y la rapaz aterriza rápidamente sobre su antebrazo izquierdo, cubierto con una cinta de cuero. Germoglio es una comunidad dedicada al cuidado y rehabilitación de personas con trastornos mentales y Piero es su director. Es muy conocida en Bérgamo. Han montado centros de asistencia y acogida para los pacientes menos graves y una granja donde docenas de personas cuidan animales y trabajan en el campo. En la alquería producen vino, embutidos y queso, todo estrictamente biológico; sus productos pueden degustarse en el restaurante anexo, donde se cocinan los mejores *casoncelli* de la zona. También hay un teatro único en toda Italia donde actores profesionales, pacientes en tratamiento y caballos amaestrados interpretan obras muy emotivas.

Hace falta mucho valor para dirigir la comunidad y luchar contra las mil dificultades que presenta la jungla de la burocracia italiana. La Alquería Germoglio recibe ayuda de las instituciones, pero también sobrevive gracias a las aportaciones de socios privados y de la Iglesia. Piero Lucchini es un tipo robusto que no carece del valor y la determinación propia de los bergamascos. No es casualidad que de los 1.089 Camisas Rojas que siguieron a Garibaldi 160 fueran de Bérgamo. Son gente impulsiva, en gran parte obreros, panaderos y zapateros, aunque también hay abogados y barberos. En una ocasión Piero me dijo: «Todo el mundo sabe que en el Germoglio hay locos, pero pocos saben que el más loco soy yo». Efectivamente, hay que estar loco para llevar a un grupo de pacientes a caballo hasta Mantua siguiendo los antiguos caminos de herradura; o para ir en bicicleta hasta Roma para visitar al Papa después de una semana de viaje y mil peripecias.

Unos meses antes, cuando Piero y un grupo de trabajadores y pacientes visitaron el CERN, les prometí que iría a verlos a Germoglio. Fue una visita muy especial: al ver el CMS pusieron los ojos como platos y me hicieron muchas preguntas; antes de irse, me dijeron: «Estaría bien continuar la conversación en el Germoglio». Lo medité largamente y acabé por decidirme. Me gusta la gente que libra su batalla a diario.

Después de visitar la granja me reúno con pacientes y trabajadores. Me acribillan a preguntas sobre el bosón de Higgs, el origen del universo y su destino. Estamos sentados en círculo en el salón. Puedo leer curiosidad y gratitud en esos ojos marcados por el sufrimiento. Luego nos sacamos una foto en grupo; yo estoy en el centro e involuntariamente apoyo los brazos sobre los hombros de los dos chicos que tengo al lado; no tendrán más de veinte años. Noto cómo tiemblan de emoción. Al final, uno de los pacientes, que ha permanecido en silencio sin perderse una palabra de la conversación, se me acerca y, bajando la voz para que los demás no puedan oírlo, me dice: «Los científicos veis a vuestro alrededor la materia oscura, que nadie más ve; sin embargo os creen. En cambio yo a veces veo a la Virgen. ¿Por qué nadie me cree?».

¿REALMENTE ES EL BOSÓN DE HIGGS?

El descubrimiento de la nueva partícula tiene repercusión mundial; no hay periódico que no hable de ella, y los artículos publicados por el ATLAS y el CMS se citan constantemente. Pese a todo este alboroto, en el CERN se realizan controles y comprobaciones sin cesar. Hemos encontrado un nuevo bosón, pero ¿estamos seguros de que es *él*?

El anuncio oficial del descubrimiento todavía mantiene una gran prudencia: se habla de un bosón «de tipo Higgs», es de-

cir, que se parece mucho al Higgs. La cautela está más que justificada. Recordemos que, como los demás bosones, el Higgs
tiene espín entero, pero una de las características principales
de la codiciada partícula es que tenga el espín igual a 0, es decir, que sea una partícula escalar. Los datos recogidos hasta julio de 2012 aún no nos han permitido medir el espín, así que
debemos ser prudentes. Si nos encontráramos con un espín
igual a 1 o a 2 estaríamos frente a un impostor, muy parecido
al Higgs pero diferente. Hasta que no nos hayamos asegurado
de esto no podremos afirmar nada de forma definitiva.

Luego está el problema de las posibles anomalías. Para el
descubrimiento se han utilizado sobre todo canales de desintegración bosónicos; ni el ATLAS ni el CMS han mostrado señales convincentes de la desintegración de la nueva partícula en
quarks «b» o leptones tau. Aquí surgen varias preguntas. ¿Todavía no podemos apreciar estos eventos porque no tenemos
suficiente sensibilidad? ¿O quizá porque el mecanismo que
otorga la masa a los fermiones es diferente del que pronostica-
ron Brout, Englert y Higgs? En ese caso, tendríamos que volver a considerar la posibilidad de haber descubierto una partícula diferente del Higgs que contempla el Modelo Estándar.

Por último, los expertos han notado que ambos experimentos han registrado en el canal de desintegración en dos fotones
un número de eventos muy superior al previsto: un 50% más.
Como de costumbre, una anomalía de este tipo podría ser sencillamente una casualidad estadística que desaparecería conforme recogiéramos nuevos datos, pero este tipo de desintegración
está muy vigilado porque es especialmente sensible a la presencia de nueva física. Si hubiera partículas compactas que todavía no hemos descubierto podrían manifestarse de forma indirecta, alterando el proceso.

Son muchos los que siguen este asunto con gran expectación, pero hay dos señores ancianos particularmente involucrados: sus nombres son Peter Higgs y François Englert. Los dos saben perfectamente que el telefonazo de Estocolmo que llevan años esperando solo llegará si el ATLAS y el CMS consiguen de una vez por todas que la expresión «de tipo» pueda eliminarse de los artículos y comunicados oficiales. La intuición que tuvieron en 1964 solo se premiará si resulta correcta, es decir, si la partícula descubierta en 2012 tiene las mismas características que el bosón de Higgs previsto por el Modelo Estándar.

Durante todo el año el LHC ha seguido realizando colisiones de forma eficiente, hasta superar con creces los 20 fb^{-1}. Ahora hay la suficiente cantidad de datos como para comprobar todas estas posibles anomalías. Con una cantidad de datos cuatro veces mayor que la del *run* anterior, la señal se ha visto reforzada y es cada vez más clara. Los canales que durante el descubrimiento no contenían más que un puñado de eventos ahora tienen los suficientes como para llevar a cabo estudios más detallados a fin de buscar posibles anomalías.

Lo primero es buscar el espín; el mecanismo es simple y se ha utilizado varias veces en el pasado. Para calcular esta característica de una partícula inestable como el bosón de Higgs se miden las distribuciones angulares de los productos de su desintegración. Los electrones, muones y fotones procedentes de la desintegración de la partícula «madre» se distribuyen en el espacio según su propia modalidad. Las distribuciones varían radicalmente si la partícula madre tiene un espín igual a 0, 1 o 2. ¿El resultado? Entre todas las hipótesis, la más probable es la que prevé que la nueva partícula sea el escalar que imaginaron Brout, Higgs y Englert.

La señal de la desintegración del Higgs en quarks «b» o leptones tau es más complicada de registrar; es necesario utilizar todos los datos disponibles y mejorar todavía más la sensibilidad del análisis para detectar las primeras y tímidas señales de esta desintegración tan importante. El bosón de Higgs tiene que acoplarse con los quarks y los leptones para darles masa, por tanto, tiene que desintegrarse a su vez en estas partículas ligeras. Si esto no ocurriera estallaría una verdadera bomba, porque habría que suponer que hay algo más aparte del bosón de Higgs que aporta masa a las partículas elementales más ligeras. Sería el fin del Modelo Estándar tal y como lo concebimos ahora.

Al final las dudas iniciales acaban por diluirse. Una vez se ha completado la estadística, tanto el ATLAS como el CMS muestran signos evidentes de que no hay anomalías en los acoplamientos del Higgs con quarks y leptones. El gráfico que resume los resultados reproduce de forma increíble los acoplamientos proporcionales a la masa de las partículas formuladas en 1964.

Por otro lado, algunos asuntos han generado cierta tensión e incomodidad y solo se resolverán al cabo de meses de arduo trabajo. A lo largo de 2012, la pregunta sobre la medida de la masa tiene en vilo al ATLAS. En el Modelo Estándar la masa del bosón de Higgs es el parámetro más importante con diferencia, el único que no contempla la teoría y que tiene que medirse con la mayor precisión posible. Para conseguirlo se utilizan dos de las desintegraciones más claras, lo cual permite mejorar la resolución: en dos fotones y en dos Z que a su vez se desintegran en cuatro leptones. Son dos medidas independientes y deberían dar resultados similares. Esto ocurre en el CMS; en cambio, los resultados que obtiene el ATLAS son diferentes entre sí. Es algo que puede pasar, pero la diferencia observada entre el valor resultante de la desintegración en dos fotones y el de la desintegración en cuatro leptones es superior a los 3 GeV, lo cual parece excesivo. Mientras en el ATLAS se esfuerzan por hallar una explicación, algunos teóricos se lanzan a conjeturar que en realidad lo que se ha descubierto es un «dipolo» de bosones de Higgs, una pareja de partículas que no tienen nada que ver con las previsiones del Modelo Estándar. Al final, tras meses de estudio de las calibraciones e infinitas comprobaciones de los análisis, la diferencia entre los dos valores se reduce a 2,5 GeV, un valor más compatible con los errores experimentales. Así pues, el caso queda archivado.

Durante los mismos meses en que el ATLAS lidia con la medida de la masa del Higgs, el CMS vive un periodo de tensión por culpa de la desintegración en dos fotones. Al sumar los datos, la señal se debilita, como si en el nuevo *run* ya no hubiera huellas de la señal tan clara que había cautivado a todo el mundo en 2011 y 2012. Tras el desconcierto inicial, se organiza la reacción. Vuelven a verificarse todas las posibles causas de error. Por ejemplo, durante el verano el acelerador aumentó nuevamente las condiciones de *pile-up*, lo cual podría habernos hecho perder una parte importante de los eventos del Higgs porque realizamos varios cambios; una vez más hacemos borrón y cuenta nueva, empezamos de cero. Solo al cabo de ocho meses de ansiedad y cuidadosas comprobaciones se llega a una conclusión más simple: no existe anomalía, se trata de fluctuaciones estadísticas. Hasta los primeros 10 fb^{-1} (es decir, hasta mediados de 2012) habíamos registrado una fluctuación positiva, es decir, más bosones de Higgs de los que deberíamos haber observado; en cambio, en los siguientes 10 fb^{-1} (a finales de 2012) tuvimos una fluctuación negativa, es decir, la señal se debilitó. En general, el resultado es exactamente el que preveía el Modelo Estándar. Por el momento tendrán que abandonarse las esperanzas de que en la desintegración en dos fotones se escondieran las primeras señales de la nueva física.

Cuando a principios de 2013 se anuncia con certeza que la nueva partícula es efectivamente un escalar y se parece en todo al bosón de Higgs, los más felices son los dos ancianos colegas que han seguido con expectación todas las fases de los últimos análisis. Ya no hay lugar a dudas: tenían razón.

EL AÑO DE LOS TRAJES ELEGANTES

El procedimiento mediante el cual se conceden los premios Nobel es bastante complicado, pero funciona de maravilla. Los ganadores suelen anunciarse la segunda semana de octubre, mientras que la ceremonia tiene lugar en Estocolmo en una fecha fija: el 10 de diciembre, aniversario de la muerte de Alfred Nobel.

El mecanismo de asignación de premios se pone en marcha un año antes, cuando se deciden los nombres de los candidatos. En otoño, un número variable de científicos de fama internacional que suele rondar el millar recibe una carta procedente de la Real Academia de las Ciencias de Suecia. La carta contiene la petición de informar antes de finales de enero una o más nominaciones y las instrucciones para justificar la elección. A partir de febrero, un reducido comité trabaja sobre esta primera lista, muy amplia, para reducirla a unos pocos nombres; de ello se encargan un grupo de científicos designados por la Academia, y en sus decisiones tienen un peso capi-

tal las conversaciones con los premios nobel de los años precedentes. La reducida lista de candidatos está terminada en verano.
Luego tiene lugar una segunda ronda de consultas de la que se
extraen nuevas conclusiones y en la que se plantean posibles ve-
tos. Al final el comité anuncia su veredicto en una reunión formal. Estamos a principios de octubre y en teoría la Academia
podría no aceptar las recomendaciones del comité, aunque nunca ha ocurrido. Sea como fuere, la decisión final se debate en
una reunión plenaria y se anuncia inmediatamente después.

La prudencia del Comité para el Nobel es notoria: jamás se
premian resultados que no hayan sido confirmados, ni teorías
que no se hayan verificado experimentalmente; por esta razón
Peter Higgs y François Englert han tenido que esperar tanto.
Pero este año todo el mundo cree que ha llegado su momento.
Está claro que sus nombres están en la reducida lista de los favoritos, pero todavía no se ha dicho la última palabra. En primer lugar, hay una especie de rotación informal entre las áreas
premiadas: física de partículas, astrofísica y física del estado
sólido; en ocasiones pueden implicarse otras áreas de investigación. Luego hay que tener en cuenta que los premiados no
pueden ser más de tres. En realidad, el testamento de Alfred
Nobel disponía que el premio fuese entregado «a la persona
que haya realizado el descubrimiento o invención más importante en el campo de la física», pero la norma se ha ido modi-
ficando hasta permitir premiar a tres individuos; así que, en
teoría, además de Higgs y Englert, cabría premiar a un tercer
teórico entre todos los que han trabajado con las simetrías o el
mecanismo de ruptura electrodébil.

Hay quien sugiere que el comité podría otorgarle la tercera
medalla al CERN. De ese modo se rompería una tradición
centenaria, pero si las reglas ya cambiaron en una ocasión, po-

drían volver a cambiar. La investigación está en continua evolución y antes o después la Real Academia de las Ciencias de Suecia tendrá que reconocer que cada vez es más difícil asignarle el premio a un individuo en concreto cuando el resultado se obtiene gracias a colaboraciones donde trabajan miles de científicos. Esta vez las cosas podrían ser distintas, ya que el descubrimiento lo han hecho el ATLAS y el CMS gracias a las excelentes prestaciones del LHC. ¿Por qué no premiar a toda la organización internacional, que ha sabido gestionar y coordinar este gigantesco esfuerzo?

En el CERN muchos son de esta opinión; incluso alguno se lanza a intentar una especie de presión «política» hacia miembros conocidos de la Academia. Pese a ser contraproducentes, estas maniobras generan cierta expectativa.

La mañana del martes 8 de octubre de 2013, todos estamos expectantes. Está previsto que el resultado se anuncie a las once y cientos de personas se reúnen frente a las pantallas que se han instalado en varias zonas del laboratorio. Los chicos, como de costumbre, bromean; se han hecho con unas medallas del Nobel de chocolate y me han puesto una al cuello para hacerse una foto conmigo. El anuncio tarda, lo cual es extraño, y empiezan a correr voces de que la asignación de la tercera medalla está siendo objeto de discusión. Alguien ha propuesto concederla al CERN y ha habido palabras gruesas. Al final aparece la locutora y la sala se sume en un silencio sepulcral. Los ganadores son François Englert y Peter Higgs. Se oyen gritos de júbilo por los pasillos, se abren botellas de champán y todo el mundo salta y baila. La verdad es que no me sorprende, estaba seguro de que pasaría. Lo emocionante llega cuando la locutora detalla los motivos: «[...] teoría que ha sido comprobada gracias al reciente descubrimiento realizado por el CMS y el ATLAS en el CERN». Cuando oigo nombrar nuestros experimentos me doy cuenta de que lo que hemos hecho pasará a la historia.

Al día siguiente recibo una llamada de François Englert, que ni siquiera me da tiempo a que lo felicite. «¿Te acuerdas de nuestra apuesta?», me dice. «Prepárate. Nos vamos a Estocolmo.» Así empezó para nosotros el año de los trajes elegantes. En el CERN y en Pisa se reirán de mí cuando me vean aparecer en los periódicos o la televisión vestido con esos atuendos elegantes tan distintos de mis habituales tejanos. Empecé con un traje azul en septiembre de 2012, cuando el presidente de la República, Giorgio Napolitano, nos invitó a Sergio Bertolucci, Fabiola y a mí al Quirinale para hacernos entrega de una condecoración y para que habláramos por televisión a todos los jóvenes estudiantes de las escuelas italianas.

En abril de 2013 todavía nos ponemos más elegantes: nos entregan el Fundamental Physics Prize en Ginebra; la etiqueta requiere esmoquin para los hombres y vestido largo para las mujeres. Este premio es uno de los reconocimientos más importantes del mundo; por el descubrimiento del bosón de Higgs se lo conceden a «los siete magníficos» (así nos bautizó la prensa). Lyn Evans, Jim Virdee, Fabiola Gianotti, Joe Incandela, Peter Jenni, Michel Della Negra y yo nos repartimos los tres millones de dólares que Yuri Milner, un multimillonario ruso aficionado a la física, decidió otorgar anualmente a los científicos que hayan contribuido al progreso de los conocimientos fundamentales. Cuando recibimos la llamada que anunciaba el premio, todos pensamos que era una broma. Yo estaba en un ciclo de conferencias en Tokio y me encontraba en uno de esos restaurantes tradicionales donde se cena de rodillas. Salí para no molestar y tardé un rato en entender que la cosa iba en serio, porque Joe Incandela, que me llamaba desde el CERN para transmitirme la noticia, se reía. Y ahora estamos aquí, en el Palacio de los Congresos de Ginebra, con el ganador de un Oscar, Morgan Freeman, que esta noche presentará la velada. Antes de la ceremonia, donde también se realizará un pequeño homenaje a Stephen Hawking, el famoso científico de Cambridge que lleva años luchando contra una terrible enfermedad, cenamos en el Hotel des Bergues. Estoy sentado al lado de Freeman, que es uno de mis actores favoritos. Entre otras cosas, descubro que siente auténtica curiosidad por la física; después de intercambiar algunas frases de cortesía, hablamos de la inflación, los multiversos y las extradimensiones.

Ante nosotros hay quinientos invitados; Fabiola lleva un vestido largo rojo que contrasta con el blanco y negro de los seis hombres de esmoquin. Conocemos todos y cada uno de los rostros de las personas que nos aplauden en la platea. Están aquí muchos de los jóvenes que han participado en ambos experimentos, los que han estado en primera fila en los análisis del Higgs. También hay muchos amigos que apoyaron el proyecto desde el principio, los pioneros del ATLAS y el CMS, y muchos físicos e ingenieros que han construido y puesto en marcha el LHC. El único problema es que Steve Myers no se cuenta entre los premiados. Por alguna incomprensible razón el comité no lo ha considerado merecedor del galardón. Personalmente me parece una injusticia.

Pero el culmen de la elegancia llega el 10 de diciembre en Estocolmo, cuando nos ponemos el frac para la ceremonia del Nobel y la cena de gala con el rey de Suecia que tendrá lugar justo después.

Al final, a pesar de mis nervios de la noche anterior, los sastres de Hans Allde han realizado un trabajo estupendo y el frac me queda como un guante; respiro, aliviado. Cuando me encuentro con Jim Virdee, Peter Jenni y Joe Incandela, todos vestidos como pingüinos, se nos escapa la risa; rebosamos buen humor. Estamos aquí para homenajear a los dos jovenzuelos vivarachos que desprenden alegría por todos los poros. Incluso Peter, normalmente taciturno y lacónico, ha resultado ser un conversador brillante. Durante el banquete ha tenido que tomar la palabra, y se ha defendido muy bien. Ahora camina con soltura por los salones durante el baile que cierra la velada, bromea y reparte palmadas en el hombro. Toda una metamorfosis. La foto que nos sacamos juntos —yo en medio, entre él y François, todos un poco achispados— es uno de los recuerdos más preciados que guardo de aquella inolvidable noche.

EL ORIGEN DEL UNIVERSO

El descubrimiento del bosón de Higgs supone un hito en la historia del conocimiento. Ahora podemos reconstruir lo que ocurrió instantes después del Big Bang, cuando el campo escalar del Higgs se instala en la totalidad del universo, en todos los ángulos, y llega a los lugares más remotos. En solo la centésima parte de un millardésimo de segundo ocurre algo que decidirá el destino de ese objeto, todavía incandescente, a lo largo de miles de millones de años.

En ese preciso momento, una infinidad de bosones de Higgs, que hasta entonces se habían desplazado a la velocidad de la luz, se condensan cristalizando para siempre en un campo omnipresente: el campo de Higgs. La fuerza electromagnética, que hasta entonces había acompañado a la fuerza débil, se separa de esta definitivamente. Por lo que respecta a los fotones, que no interactúan con el campo de Higgs, todo se queda igual. Los W y los Z se quedan envueltos en las redes del campo y se vuelven lo suficientemente compactos como para no dejar que la interacción débil tenga efectos más allá de las ínfimas distancias subnucleares. Por último, las partículas elementales se diferencian entre sí dependiendo de su interacción con el campo, lo cual implica que irremediablemente acaban por adquirir masas diferentes.

En un abrir y cerrar de ojos todo ha cambiado para siempre.

Gracias a este delicado mecanismo la materia ha adquirido las características que hoy conocemos. La masa específica que obtienen los electrones les permite orbitar de forma estable alrededor de los núcleos, formando así los átomos y las moléculas. El mismo mecanismo ha dado origen a las enormes nebulosas gaseosas de las que surgieron las primeras estrellas y más tarde las galaxias, los planetas y los sistemas solares, incluso los primeros organismos vivientes, cada vez más complejos hasta llegar en última instancia a nosotros. Sin el vacío electrodébil, sin este delicado armazón que sostiene la enorme estructura material a la que llamamos «universo», nada de esto sería posible.

Si después de miles de millones de años de fiel servicio, el bosón de Higgs, en cualquier momento —sea mañana a las 5.45 o dentro de dos millardos de años—, repentinamente «decidiera» cruzarse de brazos y declararse en huelga, el universo desaparecería en una colosal burbuja de energía.

Con el descubrimiento del bosón de Higgs celebramos también otro éxito de la ciencia. Hoy en día podemos decir que estamos empezando a entender el mecanismo que ha producido la ruptura de la simetría electrodébil; se trata de otro triunfo del Modelo Estándar, aunque es un triunfo bastante problemático.

Sabemos que tarde o temprano descubriremos una teoría más general que explicará la materia en una escala de energía mucho más amplia y que incluirá el Modelo Estándar como un caso particular. Sabemos que al alcanzar energías más elevadas de las que se han podido explorar hasta ahora muchas certezas se desmoronarán. El Modelo Estándar se quebrará y encontraremos nuevas interacciones o nuevas partículas que arrojarán luz sobre algunas de las grandes cuestiones que a día de hoy siguen abiertas: la inflación, la unificación de la gravedad, la energía oscura.

Pero ¿en qué escala de energía ocurrirá todo esto?

La comunidad científica, que ha recobrado vigor tras el descubrimiento del bosón de Higgs, lleva años intentando responder a esta pregunta. Estamos en medio de una revolución científica cuyos límites entenderemos con más claridad dentro de unos decenios.

EL HIGGS Y LA NUEVA FÍSICA

El bosón de Higgs no es una partícula como las demás, sino que es la que les da a todas su masa e interactúa tanto con las que ya conocemos como con las que todavía quedan por descubrir. Así pues, el recién llegado se convierte rápidamente en un instrumento de investigación. Es como si tuviéramos a disposición una antena ultrasensible que nos proporciona pistas sobre esa parte del mundo que nos es inaccesible. Recibe señales débiles pero perceptibles incluso de ese componente que vive escondido en el lado oscuro del universo.

Así que en cuanto pasa la euforia del descubrimiento y los trajes elegantes regresan al armario, debemos volver al trabajo para responder a una larga serie de interrogantes. En primer lugar cabe preguntarse si la partícula que acabamos de encontrar está realmente sola, como contempla el Modelo Estándar, o la acompañan cuatro amigos, como prevé la supersimetría.

La supersimetría agrupa bajo su nombre una extensa familia de teorías muy diferentes entre sí, unidas por la hipótesis de que existe una especie de relación que asocia a cada bosón (partícula con espín entero) un fermión (partícula con espín fraccionario). De repente, la supersimetría multiplica por dos todas las partículas conocidas. Cada partícula tiene una superpareja cuyo espín difiere de $1/2$.

En el Modelo Estándar los fermiones son las partículas que constituyen la materia, mientras que los bosones son las que transportan las interacciones. En el mundo supersimétrico ocurre lo contrario: las partículas de materia tienen el espín entero mientras que las que portan las interacciones son fermiones.

Esta simetría debía de ser perfecta inmediatamente después del Big Bang, pero seguramente se rompió espontáneamente en alguna tempranísima fase de la evolución del universo, razón por la cual a nuestro alrededor solo ha quedado materia ordinaria. Aparentemente, todas las partículas supersimétricas han desaparecido, a excepción del neutralino y otras partículas neutras, estables y muy compactas, que interactúan débilmente y que explicarían la materia oscura. La ausencia de partículas de supermateria a nuestro alrededor podría deberse al hecho de que las parejas supersimétricas son mucho más pesadas que las partículas conocidas, pero no sabemos exactamente cuánto más pesadas. Podrían tener una masa de cientos de GeV o de un TeV, o incluso decenas de TeV.

Si damos por válida la teoría de SUSY, surge de forma natural un candidato para la materia oscura: el neutralino. Además, la presencia de partículas supersimétricas parece garantizar la posibilidad de «reunir» todas las fuerzas conocidas (excepto la gravedad) en una única superfuerza que dominaba el universo en sus primeras fases, incluso antes de la condensación del campo de Higgs; huelga decir que sería una visión del universo completamente nueva.

Entre otras cosas, SUSY habla de muchos tipos de bosones de Higgs, los suficientes como para formar una verdadera familia. El componente más ligero tendría una masa que no superaría los 130 GeV y sería parecido al Higgs que contempla el Modelo Estándar, es decir, el que hemos observado en el LHC. Entre otras cosas, nuestro descubrimiento no considera otros modelos supersimétricos que preferían un Higgs más ligero que se encontrara entre los 100 y los 120 GeV. Son muchos los que todavía abogan por una partícula con una masa cercana a los 125 GeV, pero para demostrar que el bosón que nosotros hemos observado es en realidad un «super-Higgs» tendrán que describir uno de los hermanos que componen la familia, o encontrar alguna anomalía en sus interacciones con otras partículas.

En realidad, desde el punto de vista de la mecánica cuántica, una partícula escalar ligera como el Higgs que hemos descubierto es un objeto insólito. El hecho de que interactúe preferentemente con las partículas más pesadas hace que el Higgs mantenga una relación privilegiada con el quark top. Hay que imaginárselo como envuelto en una nube de top que, en teoría, alteraría de forma significativa su masa. Concretamente, las correcciones cuánticas deberían hacerlo más pesado incontrolablemente, llevando su masa hasta niveles absurdos, mucho más altos que los 125 GeV que hemos registrado. Dado que esto no ocurre, cabe pensar en la existencia de un mecanismo desconocido construido *ad hoc* que lo protege; también es posible que por cada aporte que tienda a «engordarlo» haya uno que tienda a «adelgazarlo» en igual medida. Esta última posibilidad sería la correcta si SUSY estuviera en lo cierto. El signo de las aportaciones a las correcciones cuánticas de la masa es opuesto para fermiones y bosones, así que por cada aporte positivo debido al quark top tendríamos uno negativo debido al squark stop. Es decir, mientras la nube de partículas que rodea en todo momento el Higgs tiende a aumentar su masa, la nube de «spartículas» tiende a reducirla; así, los fenómenos se aniquilan mutuamente y el bosón se mantiene ligero.

La presencia de partículas supersimétricas explicaría por qué el Higgs es tan ligero; es una de las razones por las que SUSY mantiene su encanto. Con todo, para que este genial mecanismo pueda funcionar, el squark stop no debería tener una masa mucho mayor que la del top, que ronda los 173 GeV. Aquí nos encontramos con un problema: si los stops fueran tan ligeros ya los habríamos producido a montones; en cambio, todas las investigaciones realizadas hasta hoy no han tenido éxito, y sabemos que los stops, si existen, tienen una masa mayor que 4-500 GeV.

Así pues, SUSY es una teoría maravillosa capaz de resolver de golpe algunas de las cuestiones más profundas de la física moderna (la materia oscura, la gran unificación, el rompecabezas del Higgs ligero), pero tiene un punto débil: nadie ha logrado ver ni una de las muchas partículas de las que habla. Tanto el ATLAS como el CMS han realizado cientos de investigaciones independientes sin que ninguna llevara a ningún descubrimiento. En cada ocasión, lo único que hemos logrado ha sido ir cambiando el límite inferior de la masa que podrían tener las partículas supersimétricas.

Si SUSY existe, sus partículas deben de ser realmente pesadas, y dado que por ahora no tenemos indicios, más de uno empieza a pensar que ha llegado el momento de abandonar esta hermosa conjetura, pero todavía es pronto para hacerlo, sobre todo porque en los próximos años tendremos la posibilidad de explorar de forma sistemática una gigantesca región de energía en la que podrían esconderse muchas sorpresas.

Así pues, el descubrimiento del Higgs abre muchos frentes de investigación simultáneamente.

Por un lado sigue la caza de partículas supersimétricas: aprovechando el aumento de energía del LHC, que en 2015 volvió a ponerse en marcha a 13 TeV, se espera poder producir las partículas compactas que han logrado escapar a las investigaciones realizadas a 7-8 TeV. Ahora tenemos un vínculo más gracias a la presencia de este objeto de 125 GeV. Sabemos que si no encontramos un stop de menos de 2 TeV, ese mecanismo de cancelación tan elegante que permite que SUSY mantenga su *sex appeal* ya no estaría justificado, y SUSY entraría en crisis, al menos en sus versiones más corrientes.

Simultáneamente se buscan hermanos del Higgs en la región que ya ha sido explorada durante la búsqueda del bosón del Modelo Estándar. El trabajo realizado hasta el momento no es suficiente, porque ahora buscamos partículas con características muy diferentes. Los hermanos supersimétricos del Higgs tienen modos de producción y desintegración peculiares, lo cual obliga a llevar a cabo estrategias muy diferentes. Además se necesita una gran cantidad de datos, porque siendo tan compactas son partículas difíciles de producir y por tanto de encontrar.

Paralelamente a todo esto siguen los estudios sobre el bosón de Higgs en 125 GeV. El Modelo Estándar ha conjeturado cada una de sus características con extrema precisión. Hasta ahora todo lo que hemos visto concuerda con las previsiones, pero nuestra precisión es limitada a causa de la pequeña cantidad de bosones que hemos conseguido reconstruir. Para muchos procesos de desintegración, la incertidumbre de nuestras mediciones supera ampliamente el 10%; y todavía hay lugar para discrepancias menores de este valor, como las anomalías previstas por SUSY.

En los próximos años se podrán seleccionar decenas de miles de bosones en el LHC, lo cual permitirá estudiar sus características detalladamente; solo con medir incluso la más pequeña de estas anomalías tendremos una prueba indirecta de la existencia de nuevas partículas; tendremos la prueba científica de que existe una nueva física y sabremos también en qué región de energía buscar.

He aquí nuestra secreta esperanza: que el bosón de Higgs recién descubierto pueda servirnos de portal hacia la nueva física y que todo lo ocurrido en 2012 sea el primer eslabón de una larga cadena.

EL FIN DEL UNIVERSO

El vacío electrodébil juega un papel decisivo en la evolución del universo. Ahora que hemos medido con precisión la masa del Higgs ya no quedan parámetros libres en la teoría y podemos utilizar el Modelo Estándar y todo lo que conocemos de la mecánica cuántica para estudiar su evolución. Concretamente, desde que anunciamos los primeros indicios del bosón, varios grupos de teóricos se preguntaron lo siguiente: ¿qué puede decirnos un Higgs de 125 GeV acerca de la estabilidad del vacío electrodébil?

Así formulada parece una pregunta reservada a los expertos, pero en realidad nos interesa a todos, porque guarda relación con el destino de nuestro universo. La ruptura espontánea de simetría juega un papel decisivo en el mecanismo que, regulando el juego de interacciones, le ha dado su peculiar forma al universo que nos rodea. Las características de nuestro vacío electrodébil, que diferencia la fuerza débil de la electromagnética, pueden estudiarse en función de muchos parámetros, pero los dos más importantes son la masa del quark top y la del bosón de Higgs, las partículas más pesadas del Modelo Estándar. Ahora que conocemos bien estos valores es posible calcular cómo se comporta el vacío electrodébil en función de la energía. De este modo se puede intentar comprender cómo llegó a instalarse en los primeros instantes de vida del universo y quizá llegar a intuir algo de su futura evolución.

Los cálculos que se han realizado son bastante simplificados; presuponen que el Modelo Estándar es válido para todas las escalas de energía, y sabemos que esta hipótesis podría no ser válida. Además, no consideran el papel que puede jugar la gravedad: es una hipótesis fuerte porque todavía no sabemos qué ocurre con la interacción más misteriosa en niveles de energía elevados. Sea como fuere los resultados obtenidos son muy intrigantes y han desatado un debate que sigue a día de hoy.

Utilizando la masa del top y la del Higgs se puede construir una especie de diagrama de fase del vacío electrodébil, es decir, un gráfico parecido a los que se utilizan para definir el estado físico de un fluido como el agua. Sabemos que dependiendo de la temperatura y la presión el agua puede presentarse en estado líquido, sólido o gaseoso. En condiciones de presión atmosférica normales el agua se congela por debajo de los 0 °C; entre los 0 °C y los 100 °C se encuentra en estado líquido; y por encima de 100 °C se evapora. Algo parecido ocurre con el vacío electrodébil, cuyo estado puede estudiarse en función de las masas del top y del Higgs, dos parámetros que tienen un papel similar al de la presión y la temperatura para el agua.

Llegados a este punto, nos encontramos con una sorpresa. Teniendo en cuenta este estudio, nuestro universo se nos presenta como algo realmente especial; los valores «tan particulares» de la masa del top y el Higgs colocan al universo en un estado de equilibrio metaestable, esto es, en el límite entre una región de equilibrio permanente y la inestabilidad total.

Si el top y el Higgs tuvieran masas ligeramente diferentes el vacío electrodébil habría sido tan inestable que no hubiera habido evolución alguna; el microscópico desgarro que se abrió en el vacío cuántico del Big Bang habría vuelto a cerrarse inmediatamente y todo habría acabado incluso antes de empezar. Esos valores «tan particulares» hicieron que el vacío electrodébil pudiera formarse y resistir durante miles de millones de años, dando lugar a la evolución de la que procedemos.

Con todo, la estabilidad no es absoluta. Si en alguna parte del universo, por alguna misteriosa razón, se generaran energías un millardo de veces mayores que las que se han desarrollado en el LHC, el vacío electrodébil podría ceder de golpe. Con toda probabilidad, el desgarro local saldría de su confinamiento. Cuando en una zona determinada el sistema se aboca hacia un nuevo equilibrio, toda la energía sobrante almacenada en el vacío se emite en forma de calor; así, el cosmos entero desaparecería engullido por una gigantesca bola de luz.

He aquí dos alternativas para el fin del universo: si el vacío electrodébil resiste, la energía oscura irá alejando los objetos entre sí, hasta que la oscuridad y el frío reinen indemnes; sin embargo, una catástrofe cósmica (un cambio en la estructura del vacío) podría interrumpir la lentísima danza macabra de la energía oscura y proporcionarnos una salida de escena más rápida y decididamente más espectacular.

Nos queda el consuelo de pensar que sobre la base de lo que sabemos hoy en día ninguna de estas opciones es inminente; podemos preparar tranquilamente nuestras vacaciones de verano, o planificar una sosegada jubilación. Es muy probable que el universo tenga por delante todavía unos cuantos miles de millones de años de vida relativamente tranquila.

Lo más intrigante de este asunto es que del estado de metaestabilidad del vacío electrodébil parece desprenderse una relación entre la precariedad de la condición humana y la del universo en general. Es como si nuestra fragilidad en cuanto seres humanos —cuerpos delicados que pueden perecer por culpa de un estúpido fragmento de ADN enloquecido, o cayéndose por las escaleras— fuera un reflejo a escala microscópica de una precariedad cósmica que afecta a todo el resto, incluso a las gigantescas estructuras que nos rodean y nos parecen inmortales.

Lo que estas hipótesis sobre la estabilidad del vacío electrodébil sugieren ha reavivado el interés por las teorías relativas a los multiversos; si se considera que nuestro universo es parte de una multitud de universos diferentes caracterizados por condiciones iniciales totalmente casuales, no resulta tan sorprendente que para nosotros el quark top y el Higgs tengan esos valores de masa tan particulares; si hubiesen sido diferentes el universo no habría tenido tiempo de evolucionar tanto como para dar vida a seres que se plantearan estas preguntas.

Así, todo resultaría más claro y sencillo. Imaginemos a un niño con los ojos vendados cogiendo números al azar de un recipiente rotatorio como los que se usaban hace años en los sorteos de la lotería. Cada número define el valor de una constante fundamental para un determinado universo. Habrá una infinidad de universos desafortunados cuya evolución es brevísima; en cambio habrá otros, más afortunados, que podrán evolucionar durante algún tiempo. Incluso habrá algunos, realmente afortunados, que podrán durar millones y millones de años, como el nuestro.

Para responder a estas preguntas, mientras el LHC siga en marcha, habrá que seguir con la exploración de la naturaleza y construir nuevos aceleradores: máquinas electrón-positrón que se utilicen como fábricas de Higgs y permitan medir todas las características con precisión, y máquinas protón-protón de altísima energía que permitan explorar los detalles de la ruptura de la simetría electrodébil y buscar nuevas partículas y fuerzas.

La carrera hacia la física del futuro no ha hecho más que empezar.

9
UNA PUERTA HACIA EL FUTURO

«¡ES MÁS O MENOS LO MISMO QUE HEMOS GASTADO EN EL
INTER DURANTE LOS ÚLTIMOS AÑOS!»

UX5, caverna del CMS en Cessy,
18 de enero de 2011, 16.00

Me he reunido con decenas de ministros y jefes de Estado. Cada vez que una autoridad decide visitar el LHC y conocer sus experimentos, el Departamento de Protocolo del CERN acude a nosotros. Tenemos que ir a buscar a los visitantes al P5 y guiarlos por la caverna del CMS. Es una actividad más entre las muchas de un portavoz, pero nos roba un montón de tiempo. Además, desde que el CERN ocupa la primera página de los periódicos las visitas de los VIP han alcanzado el preocupante ritmo de dos o tres por semana.

He conocido a Alberto II, rey de Bélgica, al secretario general de la ONU Ban Ki-moon, al presidente de la Comisión Europea José Manuel Durão Barroso y a muchos ministros y jefes de Estado, entre ellos Giorgio Napolitano. Tuve la oportunidad de charlar con muchas personas interesantes, como Bill Gates o Elon Musk, que hizo una fortuna inventando PayPal y ahora se dedica a fabricar coches eléctricos con Tesla Motors y cohetes con SpaceX. Me reuní con personas llenas de curiosidad que se interesaban por todo, pero también tuve que recibir a un buen número de personajes a quienes solo les interesaban las cámaras de los fotógrafos y las entrevistas de los periodistas. Recuerdo claramente a un par de ministros que con la mirada vidriosa de quien tiene la cabeza en otra parte no dejaban de lanzar vistazos al reloj, ansiosos por que la visita terminara lo antes posible.

Hoy recibimos a un invitado muy especial y Lucio Rossi lleva un mes preparando la visita para que salga a la perfección; viene a visitarnos Marco Tronchetti Provera, administrador delegado de Pirelli y forofo del Inter, donde también es miembro del consejo de administración. Lucio y yo somos forofos del equipo milanés desde que éramos pequeños; en aquellos tiempos el Inter no tenía rival y lo ganaba todo. Pasaron los años y nos mantuvimos siempre fieles, incluso en su época más negra, cuando no daba pie con bola y perdía en el último minuto partidos y campeonatos que parecían ganados desde el principio.

Lucio ha preparado una sorpresa especial para la visita de Tronchetti Provera, pero no ha querido contársela a nadie, ni siquiera a mí. Cuando entramos en el SM18, la enorme nave donde se prueban los imanes y que dirige Lucio, nos topamos con la sorpresa y nos echamos a reír.

Los imanes del LHC se guardan en cilindros de acero de quince metros de largo y sesenta centímetros de diámetro, totalmente azules. Lucio ha hecho pintar uno con barras de color negro, y ahora el cilindro parece lucir la camiseta negra y azul. Una foto nos inmortaliza a los tres, sonrientes, posando ante el imán.

La broma creó una atmósfera distendida que hizo la visita mucho más placentera. Tronchetti Provera pertenece a la familia de los visitantes curiosos, a los que me resulta ameno acompañar. Cuando entramos en nuestra caverna enseguida se percata de los muchos armarios de fibras ópticas y quiere saber qué ocurre en esas miles de conexiones. Le explico que sirven para transportar las señales de los detectores, para que puedan luego ser digitalizadas y enviadas a los ordenadores, que reconstruyen el evento. Los datos de los cuarenta millones de colisiones por segundo del LHC, cada una de 1 megabyte de tamaño, hacen que en esos circuitos circule una cantidad de información equiparable a la que rodea a la Tierra; como si el intercambio de información que tiene lugar dentro del CMS doblara de golpe el volumen de información que los humanos se intercambian entre sí mediante teléfonos, ordenadores, televisión por satélite y cable, etcétera.

La pregunta que sigue es inevitable: ¿cuánto cuesta todo esto? Cuando menciono los 475 millones de francos del gasto global del CMS, Tronchetti Provera responde: «Me imaginaba más. Es más o menos lo mismo que hemos gastado en el Inter en los últimos años».

Con todo el respeto hacia el fútbol y los forofos, creo que vivimos en un mundo muy extraño si podemos gastar cifras de este calibre en mantener la actividad de un buen equipo (y tenemos unos cuantos), pero nos cuesta hacer inversiones similares para comprender los misterios de la naturaleza y progresar en nuestro conocimiento.

EL PRECIO DE LA INVESTIGACIÓN

El precio total del LHC, es decir, el acelerador y los detectores, puede cifrarse en seis mil millones de francos suizos. Han hecho falta veinte años para construir aparatos tan complejos, y ha habido contribuciones procedentes de todo el mundo, si bien la mayor parte de la financiación proviene de los países europeos que gestionan el CERN. Si dividimos el coste entre todos los habitantes del planeta y tenemos en cuenta todo el periodo de construcción, podemos decir que el LHC ha costado más o menos un franco suizo por barba, o si se prefiere, 5 céntimos de franco al año.

La física de altas energías es cara; para construir sus grandes infraestructuras hay que gastar miles de millones de euros; son cifras considerables que hay que estudiar minuciosamente porque provienen del erario público. No hay que olvidar que nuestros experimentos se financian con los impuestos, pagados en gran medida por los asalariados y los pensionistas.

Es inevitable que cada inversión científica se discuta al detalle; además, hay que plantearse algunas cuestiones: ¿es realmente necesario dedicar todos estos recursos a la investigación? ¿Qué impacto puede tener el descubrimiento del bosón de Higgs en nuestra vida diaria? ¿No sería mejor invertir estas cantidades en combatir enfermedades? ¿O en erradicar el hambre en el mundo? ¿O en mitigar los cambios climáticos?

Son preguntas frecuentes que aparecen en todos los debates públicos. Para intentar darles una respuesta es necesario analizar el alcance del fenómeno.

Cualquier actividad de la que dependa mucha gente, como una universidad o un gran hospital, tiene un balance anual de entre quinientos y mil millones de euros. El CERN, con sus

2.240 empleados estables y los miles de investigadores asociados que aprovechan las infraestructuras pero cobran de sus universidades y organismos de investigación, no es una excepción. Su balance anual es de alrededor de 900 millones de euros.

Cualquier país invierte anualmente miles de millones de euros para mantener y ampliar sus infraestructuras de transporte: un kilómetro de autopista o de línea ferroviaria cuesta alrededor de 20 millones de euros. Por motivos que no vienen al caso, en Italia los costes aumentan, y mucho. Los 62 kilómetros de autopista que conectan Brescia y Bérgamo con Milán le costaron al contribuyente 2,4 millardos de euros. La línea C del metro de Roma, que todavía no ha sido completada, costará 4,2 millardos de euros, y son 26,5 kilómetros de recorrido.

Por no hablar de los gastos en armamento y equipamientos militares. El coste de un avión de combate actual va desde los 130 millones de dólares de un F35 o los 200 de un F22 hasta los 1.200 de un bombardero invisible B2. Italia piensa comprar noventa cazas F35 en los próximos diez años por un total de más o menos 14.000 millones de euros. Un cazatorpedero cuesta 2.000 millones de dólares; el modelo más avanzado, el «invisible» Zumwalt, que ha sido presentado recientemente por Estados Unidos, cuesta 4.400 millones; se prevé que se construyan tres, y el programa entero lo financia un total de 23.000 millones de dólares.

Si analizamos las grandes empresas científicas en las que se ha trabajado durante largos periodos, empresas parecidas en volumen y complejidad al LHC, los costes son similares. Por ejemplo, el Proyecto Genoma, que empezó en 1990 y concluyó en 2003 con la reconstrucción de todas las secuencias del ADN humano, costó unos 4.700 millones de dólares.

Para explorar los rincones más remotos del universo, la NASA pondrá en órbita en 2018 al sucesor del *Hubble*, un nuevo y gigantesco telescopio espacial. Esta joya de la tecnología ha sido dedicada a James Webb, el director de la NASA que lanzó el programa Apolo, y se prevé que cueste unos 8.000 millones de dólares.

Por no hablar de la Estación Espacial Internacional ISS (International Space Station), a la cual hemos enviado a nuestros astronautas, como Luca Parmitano o Samantha Cristoforetti. El primer módulo de la estación fue lanzado en 1998 y el coste del programa durante los primeros diez años de actividad superó los 140.000 millones de dólares.

La humanidad invierte cifras importantes en proyectos ambiciosos de investigación científica. Los proyectos como el LHC constituyen una pequeña parte de la inversión global que el mundo entero realiza en nuevos conocimientos y es una porción insignificante de la riqueza que actualmente se produce en el mundo.

Si consideramos los cinco países que más invierten en investigación y desarrollo —Estados Unidos, China, Japón, Alemania y Corea del Sur— la cifra anual de lo que gastan en este sector supera los miles de millardos de dólares. Parece una cantidad imponente, pero no es más que el 3% de los 35.000 millardos de dólares de riqueza que estos países producen anualmente.

En última instancia, la pregunta correcta es si la inversión necesaria para mantener estas investigaciones está justificada por los resultados que producen.

En el campo de la investigación científica el objetivo es mejorar nuestra comprensión de la naturaleza, lo cual, a menudo, se concreta en formas muy abstractas: entender la ruptura espontánea de la simetría electrodébil, buscar nuevas dimensiones espaciales, comprender el mecanismo de la inflación, etcétera, pero cuanto más abstractos son nuestros objetivos, tanto más concretos y materiales son los instrumentos necesarios para alcanzarlos; cuanto más alto queremos volar, más firmes tenemos que tener los pies en el suelo.

Nosotros, los físicos de partículas, vivimos continuamente en una especie de desdoblamiento: un día nos enzarzamos en discusiones acerca del vacío electrodébil y de cómo acabará nuestro universo —cuestiones que rayan la filosofía—, y al siguiente estamos en el laboratorio desarrollando nuevos materiales, concibiendo nuevos detectores y construyendo, a veces con nuestras propias manos, prototipos de tecnologías que podrían cambiar el futuro de todos.

Ya ha ocurrido en el pasado y podría volver a ocurrir.

INVESTIGACIÓN Y NUEVAS TECNOLOGÍAS

En 1989 no habríamos podido imaginar que lo que hacía Tim Berners-Lee en un despacho a pocos metros del nuestro cambiaría tan profundamente el mundo. La introducción de la World Wide Web es un ejemplo de cómo las innovaciones más importantes a menudo recorren caminos insospechados. En el CERN, nadie quería inventar la web, ni siquiera Berners-Lee, pero había que solucionar un problema: los experimentos del LEP estaban produciendo una gran cantidad de datos: informes, gráficos, fotografías y dibujos técnicos. Había que encontrar una forma de organizarlos para que miles de colaboradores pudieran acceder a ellos. He aquí cómo se encontró una solución al problema: un joven se interesa por el asunto y quiere probar si su idea funciona, su jefe no acaba de entender qué es lo que intenta, pero le deja hacer, y de golpe... ¡crac! El mundo cambia para siempre.

El 6 de agosto de 1991 nace la primera página web; hoy se cuentan por millones. Y lo mejor de todo es que es gratis. A veces pienso en cuántos proyectos podríamos llevar a cabo si cada vez que se abriera una página web entrara un céntimo en los fondos del CERN, pero el pacto es claro: nuestras investigaciones se financian con fondos públicos, así que todo lo que encontramos pasa directamente a estar a disposición del mundo entero, de forma gratuita. No hay royalties, ni beneficios, ni patentes sobre aquello que se inventa o descubre en la física de altas energías. El mundo ya ha pagado su deuda con el CERN al financiarlo; incluso si obviamos los aspectos culturales y científicos, el impacto económico de nuestra actividad ha superado sobremanera la inversión inicial.

El ejemplo de la web es el más citado y nos atañe directamente, pero son muchas las tecnologías que derivan de la física y han cambiado nuestras vidas; por ejemplo, los rayos X. En 1895, pocos días antes de Navidad, el alemán Wilhelm Röntgen consiguió que su mujer Anna Bertha, quien se mostró un poco reacia al principio, se quedara quieta quince minutos con la mano apoyada en una placa fotográfica bajo la extraña bombilla de cristal con la que el marido llevaba meses trasteando; aquella primera radiografía revolucionó por siempre los diagnósticos y la medicina en general.

Röntgen intentaba entender qué fenómenos actuaban cuando se hacía pasar corriente entre los electrodos de un tubo de vacío; nunca imaginó que estaba dando los primeros pasos hacia una tecnología que salvaría millones de vidas.

Imaginemos por un momento qué opinión tendría un hombre de la calle de finales del siglo XIX: «¿Para qué sirven estos incomprensibles estudios? ¿No sería mejor dedicar estos recursos en curar a los niños que mueren de tos ferina?».

A menudo, los descubrimientos que cambian el mundo recorren caminos erráticos e imprevisibles. En ocasiones, las tecnologías más importantes son desarrolladas casi involuntariamente por quien no las busca de forma explícita; a veces, tienen que pasar años antes de que una idea pueda aplicarse. Es como un río cárstico que desaparece en una caverna subterránea y recorre kilómetros antes de emerger de nuevo con todo su caudal.

En la base de todo están los cambios seculares, los descubrimientos que trastocan los paradigmas de referencia. Al principio, nadie les ve una utilidad; luego, quizá al cabo de décadas, se instalan en la vida cotidiana de las personas. El mismo Röntgen no imaginaba que su descubrimiento podría ser el inicio de un recorrido que nos ha llevado hasta las tomografías axiales computarizadas, las ecografías, las resonancias magnéticas; innovaciones sin las cuales la medicina moderna no existiría.

Además, es habitual que un descubrimiento conduzca al siguiente, algo parecido a cuando una bola de nieve acaba provocando una avalancha. Los rayos X nos han permitido entender mejor el núcleo de las estrellas y nos han proporcionado un método para estudiar la estructura de las moléculas, que es la base de todo nuevo fármaco o material.

Fue un jovencísimo William Lawrence Bragg, recién licenciado, quien descubrió un curioso fenómeno que tenía lugar cuando los rayos X de Röntgen iluminaban unos pequeños cristales. El descubrimiento de aquella difracción particular que lleva su nombre no solo lo convirtió en el premio nobel más joven (tenía veinticinco años cuando fue a Estocolmo) sino que ha permitido estudiar detalladamente la composición de átomos y moléculas; revolucionó la química, la farmacología, la ciencia de los materiales, la biología y muchísimas otras disciplinas.

Lo mismo ocurre con los láseres. Al principio, cuando se estudiaban en un laboratorio, se consideraban aparatos sin alguna utilidad práctica. ¿Quién podría haber imaginado que entrarían con tanta fuerza en nuestra vida cotidiana? Hoy se utilizan para curar trastornos oculares, eliminar los trombos que obstruyen arterias o escuchar música y ver películas. La dependienta del supermercado utiliza un láser para decirnos el precio del producto que hemos colocado en el carro; los gamberros del estadio lo usan para molestar al portero del equipo contrario; la industria utiliza finos haces láser de alta potencia para perforar placas de cerámica o metal.

Tenemos motivos para pensar que esta transferencia silenciosa de tecnología continúa fluyendo. Son muchas las tecnologías que fueron desarrolladas para el LHC y han entrado en nuestra vida diaria pasando casi desapercibidas. Para producir nuestros imanes se desarrollaron cables superconductores de altísimas prestaciones; estos mismos cables han entrado a formar parte de las nuevas generaciones de máquinas de resonancia magnética, haciéndolas más potentes, compactas y económicas. La reducción de los costes y el tamaño ha permitido que muchos hospitales, sobre todo en países del tercer mundo, accedan a una tecnología que hasta ahora les era inasequible.

Algunos de los nuevos dispositivos ópticos miniaturizados que desarrollamos para el LHC se utilizan hoy en día en el mercado de las telecomunicaciones, donde han mejorado las prestaciones y bajado los costes.

Los nuevos cristales y detectores de silicio, producidos industrialmente para nuestros calorímetros y detectores de trazas, se utilizan en nuevas máquinas de diagnóstico, produciendo imágenes más definidas y reduciendo el impacto de la radiación sobre el paciente.

Por no hablar de la computación Grid. Sabíamos desde el principio que ni siquiera los superordenadores más potentes del mundo podrían gestionar la enorme cantidad de datos generada por los experimentos del LHC; era necesario desarrollar una nueva tecnología. La solución llegó de manos de la *grid*, o malla, una infraestructura de cálculo absolutamente innovadora. La primera propuesta se desarrolló a principios de la década de 1990, y muchos la consideraron demasiado ambiciosa. La idea era simple: dado que ningún centro informático tenía la suficiente memoria como para almacenar los datos ni potencia de cálculo para analizarlos, se propuso un supercentro mundial, constituido por los mayores centros informáticos dedicados a la investigación. De esta forma se creó un *cluster* de cientos de miles de ordenadores que aprendieron a funcionar como una única y gigantesca calculadora. Los datos se distribuían allí donde quedara espacio libre en el disco, y cuando había que analizarlos se utilizaban los procesadores disponibles en aquel momento, independientemente de dónde se encontraran.

Así, un joven investigador indio que quiere realizar un análisis sobre cierta clase de eventos puede abrir su portátil en Calcuta, acceder a la malla y solicitar los datos que le interesan; luego ejecuta sus programas de análisis y estudia los resultados. Él no lo sabe, ni le interesa saberlo, pero parte de los datos están guardados en Chicago, otros en Bolonia, y el software que los analiza pasa por Taiwán; los resultados finales se producen en Alemania antes de ser enviados a India. Gracias a la malla, podemos comparar la potencia de cálculo con la potencia eléctrica: si necesitas corriente no tienes que comprarte un generador, ni te interesa saber de dónde viene la electricidad que llega a tu casa, ni mucho menos averiguar qué centrales se ponen en marcha en determinadas horas del día o periodos del año. Conectas el enchufe, utilizas la energía que necesitas y pagas la factura. La malla nos permite hacer lo mismo con el cálculo: pone un superordenador a disposición de todos los países que no tienen grandes infraestructuras; de esta forma miles de usuarios pueden trabajar simultáneamente y a un coste irrisorio; nada comparable al coste que supondría instalar multitud de centros de cálculo locales.

Como suele ocurrir con las ideas innovadoras, hicieron falta quince años de arduo trabajo para desarrollar su arquitectura y hacerla eficaz y segura. La malla ha hecho que la computación cambiara radicalmente de piel: los recursos informáticos se han vuelto más potentes y baratos, poniéndose al alcance de todos. El éxito de la malla en el LHC ha permitido exportar la nueva arquitectura a muchos otros campos de investigación que requieren de grandes recursos informáticos, como la meteorología o la fluidodinámica. Una variante comercial de la computación en malla, la *cloud computing* o computación en la nube, se ha instaurado como instrumento esencial a la hora de permitir a millones de usuarios gestionar de la mejor forma posible los recursos informáticos que necesitan. Una vez más, igual que ocurrió con la web, un instrumento inventado por la física de altas energías está cambiando el mundo que habitamos.

Los aceleradores que utilizamos para nuestros estudios son la punta de lanza de una familia cada vez más grande. Actualmente se estima que hay unos 30.000 aceleradores en todo el mundo, y solo 260, menos del 1%, se dedican a la investigación científica. El 50% se utiliza para fines médicos: sobre todo en radioterapia, para tratar a personas con tumores, pero también con objeto de producir isótopos para diagnósticos y radiofármacos; un 41% se utiliza para introducir iones en el silicio y otros semiconductores y así construir chips electrónicos; el 9% restante se utiliza en procesos industriales.

Sin física no tendríamos medicina moderna. Sin aceleradores no tendríamos dispositivos electrónicos miniaturizados, que permiten que todo funcione, desde aviones, trenes, coches, máquinas y herramientas hasta el ordenador con que escribo o nuestro inseparable smartphone. ¿Quién puede asegurarnos que no ocurrirá lo mismo con los descubrimientos más recientes, incluso con aquellos que parecen más abstractos y alejados de cualquier aplicación útil?

Cuando me preguntan qué aplicación podrá tener el bosón de Higgs en la vida diaria, respondo que no lo sé. No puedo imaginarme para qué podría utilizarse un haz colimado de bosones de Higgs y no sé qué utilidad podría tener saber cómo funciona el nuevo campo escalar; pero estoy seguro de que llegará un día en que alguien se ría de esta afirmación, igual que nosotros sonreímos al releer el debate sobre la antimateria entre físicos de los años treinta. Ninguna de las eminencias de aquella época —Dirac, Weyl, Anderson— podía imaginar que al cabo de pocas décadas esas extrañas partículas a las que llamaron «positrones» se utilizarían diariamente en cientos de hospitales, en los PET (tomografías por emisión de positrones). El mundo entero utiliza la antimateria, y no para construir las terribles bombas de los libros de Dan Brown, sino para diagnosticar graves enfermedades o estudiar las modificaciones que se dan en un cerebro con Alzheimer.

Por tanto, conviene ser prudentes y recordar lo que el físico Michael Faraday respondió a la pregunta del ministro de Finanzas británico William Gladstone: «Pero, exactamente, ¿para qué sirve lo que habéis descubierto?». «No lo sé, pero estoy seguro de que dentro de poco querréis imponerle una tasa.»

LOS RETOS DEL MAÑANA: JAPÓN Y CHINA

El descubrimiento del bosón de Higgs ha originado un apasionado debate científico, pero también ha promovido grandes maniobras políticas vinculadas a la nueva generación de aceleradores que tendrán que recoger la herencia del LHC. Si continuáramos la lógica que siguió al descubrimiento de W y Z, el siguiente paso sería construir un gran acelerador de electrones; así como el Large Electron-Positron Collider se construyó para producir millones de Z y estudiar con precisión sus características, ahora se piensa en una máquina que colisione electrones y positrones y permita hacer lo mismo con el nuevo bosón; será una verdadera fábrica de Higgs en la que se producirán millones de estas partículas en condiciones experimentales ideales que permitan estudiar en profundidad todas sus propiedades.

Desde diciembre de 2011 Japón se ha dedicado a promover el proyecto del International Linear Collider, una iniciativa que llevaba años sobre el tapete y que el descubrimiento del bosón en 125 GeV ha vuelto sumamente interesante. Ahora que conocemos la masa del Higgs, podemos calcular con precisión sus procesos de producción, así como los modos de desintegración que pueden utilizarse. El proyecto del ILC propone colisionar electrones y positrones acelerados en una trayectoria lineal. Para evitar los problemas vinculados a la radiación de electrones que se mueven en órbitas circulares se adopta una medida drástica: dos haces de electrones y positrones son acelerados en direcciones opuestas y lanzados el uno contra el otro en la zona de interacción, equipada con detectores.

Por muy brillante que sea la idea, existen dificultades tecnológicas que limitan las prestaciones, sobre todo la luminosidad. En los aceleradores lineales los paquetes de electrones y positrones se entrecruzan una única vez para luego ser retirados y dejar sitio a nuevos paquetes. A pesar de que la nueva inyección es rápida, es imposible producir más de diez o veinte mil colisiones por segundo. En cambio, en los aceleradores circulares los haces pueden permanecer en órbita durante horas, entrecruzándose cientos de miles de veces por segundo, hasta que pierden intensidad y son remplazados; de esta forma, el número de colisiones que obtenemos es mucho más elevado.

Para superar este inconveniente, los colisionadores lineales concentran los haces al máximo, focalizándolos en extremo, reduciendo las dimensiones de la zona de interacción a valores insignificantes; pero esto crea problemas de estabilidad, porque cualquier pequeña perturbación puede traducirse en una pérdida de luminosidad. Para el ILC se propone focalizar dos haces de electrones y positrones en dimensiones de cinco nanómetros, un valor mil veces más pequeño que el utilizado por el LEP; el hurto frontal de dos haces tan minúsculos provoca unos problemas de control de posición del haz sin precedentes.

El programa de física del ILC contempla colisiones a 500 GeV en el centro de masa, con perspectivas de alcanzar los 1.000 GeV. Estos objetivos determinan la longitud del acelerador, porque existen límites en las prestaciones de las cavidades resonantes utilizadas para acelerar electrones y positrones. Hoy en día, las mejores cavidades superconductoras producidas a escala industrial son capaces de producir una aceleración máxima de 24 GeV por kilómetro. Para el ILC se están desarrollando cavidades que podrían alcanzar los 35 GeV por kilómetro; de este modo, haciendo que los haces recorran un trecho de 15 kilómetros equipado con miles de cavidades, podrían alcanzarse los 500 GeV previstos. Todo el acelerador, incluida la zona donde los haces chocan frontalmente, sería una estructura lineal de alrededor de 31 kilómetros de largo.

El ILC es un proyecto que implica a grupos de investigación de todo el mundo. Japón se ofreció a acoger la nueva máquina, y brindó para ello una zona entre las montañas Kitakami en el norte del país. Es una cadena montañosa extremadamente sólida formada por magma solidificado durante el Cretáceo; ha resistido a terremotos catastróficos, como el reciente sisma que arrasó Fukushima un poco más al sur.

En realidad, la idea de instalar una máquina tan delicada en una región con microsismos prácticamente continuos suscita cierta preocupación. Se teme que en estas condiciones sea imposible producir colisiones de alta intensidad entre haces de dimensiones tan pequeñas; pero los japoneses se muestran muy confiados. El verdadero problema es que por ahora ningún país, ni siquiera Japón, se ha comprometido a contribuir con una parte significativa a los ocho mil millones de dólares necesarios para cubrir el coste. Incluso en el mejor de los casos, si se tomara la decisión inmediatamente y se dispusiera de los fondos, la construcción no podría empezar hasta 2019, y la máquina no podría ponerse en marcha antes de 2030.

China, que está entrando de forma prepotente en la física de altas energías, reaccionó al instante; sus programas de física se han acelerado, al tiempo que sus problemas con Japón siguen aumentando a causa de las islas Senkaku-Diaoyu.

Las Senkaku-Diaoyu son un grupo de islas deshabitadas, perdidas en medio del mar entre China, Taiwán y Japón, y objeto de una feroz contienda entre estos tres países. En 2012, como consecuencia de una serie de incidentes, se enviaron a la zona patrulleros y cazabombarderos, y hubo manifestaciones violentas en varias ciudades de China, donde se destrozaron productos de empresas japonesas. No es casualidad que, mientras pocos meses antes eminentes científicos chinos se planteaban participar en el proyecto japonés del ILC, de repente el país abandonó la idea y presentó al mundo su propio programa para el futuro.

El gigante asiático propone un proyecto ambicioso dividido en dos fases. En primer lugar, prevé la construcción de un anillo de 50 kilómetros que acogería un colisionador electrón-positrón (el CEPC: Circular Electron-Positron Collider) de 240 GeV; luego pasarían a un acelerador de protones capaz de producir colisiones de 50 a 90 TeV en el centro de masa (el SPPC: Super Proton-Proton Collider).

La primera fase permite estudios de precisión sobre el Higgs. Para reducir el coste, electrones y protones circularán por el mismo anillo, lo cual limita el número de paquetes que pueden inyectarse. Así pues, la luminosidad no alcanza su máximo pero sigue siendo dos o tres veces mayor que la del colisionador lineal, lo cual hace del CEPC una máquina muy competitiva para esta clase de estudios. La tecnología necesaria no es excesivamente moderna, sería una evolución de la que utilizamos para el LEP; además, se aprovecharían los avances realizados durante los últimos años en el ámbito de las cavidades aceleradoras. La máquina podría empezar a construirse inmediatamente; como emplazamiento se ha propuesto Qinhuangdao, una zona de colinas cerca del mar, a 300 kilómetros de Pekín, conocida como la Toscana china. Excavar un túnel de 50 o 70 kilómetros en China tiene un coste muy inferior respecto a hacerlo en Europa o en Estados Unidos; por otro lado, los chinos parecen dispuestos a cargar con buena parte de la financiación. Una estimación realista prevé un gasto de 3.000 millones de dólares, y un tiempo de construcción de entre seis y ocho años; si las obras del CEPC empezaran en 2020, el nuevo acelerador podría ponerse en marcha en 2028.

La segunda fase del proyecto, la del colisionador de protones SPPC, es mucho más incierta y complicada. Hay que fabricar a escala industrial imanes mucho más potentes que los del LHC, cuya tecnología está por desarrollar. Para el SPPC se están barajando dos opciones: imanes de 12 T, que permitirían alcanzar los 50 TeV, o de 19 T, si se apuesta por los 90 TeV. En ambos casos el potencial de descubrimiento sería enorme. El SPPC permitiría explorar una región de energía 4 o 7 veces mayor que la del LHC, aunque el pleno aprovechamiento de su potencial quedaría limitado por el valor máximo de su luminosidad (que no superaría de mucho la del LHC). Existen demasiadas dudas sobre las tecnologías necesarias como para estimar los costes del proyecto, y su horizonte temporal se coloca con toda probabilidad más allá de 2035. En todo caso, un proyecto tan ambicioso nos permite comprender que China quiere conquistar en poco tiempo una posición de liderazgo en este campo.

EL RISK DE OCCIDENTE: EUROPA Y ESTADOS UNIDOS

Europa tiene muy clara su estrategia respecto a la física de los aceleradores de cara al futuro. En primer lugar todavía hay que explotar el potencial de descubrimiento del LHC. La exploración de la nueva región de energía no ha hecho más que empezar. El acelerador retomó su actividad en 2015 con una energía récord de 13 TeV, y en los próximos años debería acumular una gran cantidad de datos, muy superior a la que ha llevado al descubrimiento del Higgs. De aquí a 2025 se prevé alcanzar una estadística de 300 fb^{-1}. En los próximos dos años, cuando el LHC haya alcanzado los 100 fb^{-1}, deberían obtenerse las primeras respuestas respecto a la presencia directa de señales de nueva física en la escala del TeV.

El año 2018 será un punto de inflexión; los resultados obtenidos hasta ese momento condicionarán las elecciones del futuro. Si resulta que hemos encontrado pruebas de nueva física proyectaremos nuevos aceleradores para estudiar detalladamente la región de energía donde hayan aparecido las partículas. Si, por el contrario, no hemos descubierto nada, por un lado intensificaremos las mediciones de precisión, por el otro habrá que apostar de nuevo por el salto de energía. En ese caso habrá que construir el acelerador más potente que la tecnología y los costes nos permitan imaginar para intentar desplazar al máximo la frontera de la exploración.

Temerosos y con el alma en vilo, vamos analizando los primeros datos en 13 TeV; mientras se está haciendo lo posible por mejorar tanto la máquina como sus detectores. El objetivo es aumentar la luminosidad para alcanzar los 3.000 fb^{-1} de datos. Esta fase de alta luminosidad se llama HL-LHC (High Luminosity LHC) y durará, aproximadamente, de 2025 a 2035.

Así pues, el LHC tiene por delante mucha vida, dedicada a la búsqueda sistemática de nueva física, tanto mediante el descubrimiento directo de partículas como a la búsqueda de desviaciones significativas respecto a las previsiones del Modelo Estándar. El acelerador funcionará como una verdadera fábrica de bosones de Higgs y quarks top. En caso de ausencia de evidencias directas de nueva física, la elevada estadística del HL-LHC permitirá mediciones de precisión de parámetros decisivos del Modelo Estándar que podrían ofrecernos indicaciones indirectas de nuevos fenómenos.

Mientras tanto, se ha puesto en marcha el Future Circular Collider (FCC), la respuesta europea a las iniciativas de China y Japón en lo que a nuevos aceleradores respecta. El FCC es un grupo de estudio internacional cuyo objetivo es el de producir un diseño conceptual, definir las infraestructuras y estimar los costes que supondría la construcción de un colisionador de 100 kilómetros en el CERN. El proyecto plantea un acelerador para colisiones entre protones (FCC-HH) a 100 TeV; además, en una primera fase, considera la opción de utilizar la gran infraestructura como colisionador entre electrones y positrones (FCC-EE).

La propuesta surgió en 2014 y recibió rápidamente el apoyo de muchos sectores de la comunidad científica internacional de físicos. Actualmente, forman parte del grupo de estudio cientos de científicos procedentes de decenas de países. Se prevé que la evaluación final tenga lugar en 2018 y constituya la base para definir la nueva estrategia europea en el ámbito de los aceleradores de partículas; durante esa fecha se tomará la decisión que podría marcar el curso de la física de la primera mitad del siglo.

El proyecto de excavar un túnel tan grande en esta zona supone de por sí un gran reto. La geología de la zona, llena de lagos y montañas, es muy complicada. El nuevo acelerador cruzaría toda la región de Ginebra, incluyendo una parte del lago Lemán, a una profundidad de entre 200 y 400 metros de la superficie. El recorrido tendría que sortear las muchas capas freáticas presentes y buscar los estratos geológicos estables y fáciles de excavar. Además, tendrían que extraerse millones de toneladas de roca y trasladarse a través de un área muy urbanizada, así como proyectar pozos de acceso profundos de unos cuatrocientos metros, encontrar medios adecuados para el transporte de personas y objetos en distancias de decenas de kilómetros. Una gran ventaja de la zona serían las infraestructuras disponibles: la cadena de aceleradores, desde el CERN hasta el LHC, que podría funcionar de inyector, así como una red eléctrica cuya potencia podría hacer frente al consumo previsto para la nueva máquina.

Desde el punto de vista físico, la idea de combinar sucesivamente ambos aceleradores, primero el FCC-EE y luego el FCC-HH, es con diferencia la mejor configuración. La máquina de electrones sería la primera en instalarse, nada más terminarse el túnel. Habrá que desarrollar las tecnologías existentes, y la producción industrial de los imanes y las cavidades resonantes podrá llevarse a cabo simultáneamente a las obras de excavación del túnel. Los mismos detectores no necesitarán de especiales innovaciones respecto a las utilizadas para el LHC. Siendo optimistas e imaginando que la decisión se toma en 2018, la construcción empezaría en 2023 y la máquina se pondría en marcha en 2035, al final de la etapa de alta luminosidad del LHC.

En cambio, la máquina de protones, mucho más compleja, todavía necesitaría unos años más de desarrollo para llevar a cabo la construcción a escala industrial de los imanes. Estimar la fecha de arranque del FCC-HH para el 2040 permitiría perfeccionar la fabricación de los imanes superconductores, que serán el corazón de la empresa. Por otro lado, también los detectores de la máquina de protones son sumamente complejos: su construcción requiere de las últimas tecnologías y un mínimo de diez años de desarrollo antes de poder empezar la producción a escala industrial de sus varios componentes.

El programa de física del FCC-EE se concentra mayormente en las mediciones de precisión del Higgs, del top y de los parámetros fundamentales del Modelo Estándar. Se prevé que la máquina funcione a 90 GeV para producir una gran cantidad de Z; luego se intentará llegar a los 160 GeV para generar parejas de W; más tarde se buscarán los 240 GeV para producir el Higgs asociado al Z. El objetivo final es alcanzar los 350 GeV para crear parejas de top; para estudiar los emparejamientos del Higgs con otras partículas, el FCC-EE aspira a alcanzar una precisión de entre el 1 y el 0,1 %.

Los 100 TeV de energía del FCC-HH permitirían explorar en una escala de energía siete veces mayor que la del LHC; podría observarse directamente cualquier nuevo estado de la materia con una masa comprendida entre pocos TeV y decenas de TeV; además, podríamos saber si el bosón de Higgs es elemental o tiene una estructura interna, y se podrían estudiar aquellas particularidades de la ruptura espontánea de simetría electrodébil que resultarían decisivas para comprender el mundo que nos rodea. Por otro lado, la elevada luminosidad del FCC-HH, diez veces mayor que la del LHC, permitiría producir millones de bosones de Higgs para extender las mediciones de precisión del FCC-HH a los parámetros de la partícula más difíciles de medir.

Nuestro principal obstáculo frente a este magnífico programa son los costes del proyecto, cuya estimación sigue siendo problemática, pero que se sitúan alrededor de los 15.000 y 20.000 millones de euros. Por no mencionar las múltiples dificultades tecnológicas, empezando por la producción de imanes superconductores de 16 a 20 T. Dentro del grupo de estudio se lleva a cabo una intensa actividad de investigación y desarrollo con el fin de producir los primeros prototipos realistas antes de 2018. También suponen todo un reto la gestión de la energía almacenada en los haces y su media de vida, el sistema de refrigeración para combatir el calor generado por la radiación de los tubos de vacío, los sistemas de protección y el daño de la radiación sobre los componentes de la máquina. Por otro lado, cabe recordar que los mismos detectores del FCC-HH son aparatos mucho más complejos que los que se construyeron para el LHC, por lo tanto requieren de tecnologías más avanzadas.

Sin duda, el FCC supone la respuesta europea al desafío, y se coloca en el centro del debate sobre aceleradores. Por su parte, Estados Unidos parece quedarse atrás. Si hace años eran los líderes indiscutibles del sector, hoy se limitan a colaborar de alguna forma en las iniciativas de Europa, China y Japón, pero no proponen alternativa alguna ni se ofrecen a acoger ninguna de las enormes estructuras posibles.

La única propuesta original procedente de un grupo de físicos americanos plantea un retorno a Waxahachie, el lugar donde estaba previsto que se instalara el SSC, para construir el acelerador de protones de 100 TeV que los europeos quieren construir en Ginebra.

La idea es aprovechar las decenas de kilómetros excavadas para el SSC con el fin de completar en menos tiempo el túnel de 87 kilómetros y crear una fábrica de Higgs, un acelerador de electrones y positrones con una energía de 240 GeV parecido al FCC-EE. Así, se explotarían las condiciones geológicas favorables de Texas para excavar un túnel de 270 kilómetros equipado con imanes de 5 T (una tecnología que tenemos por la mano) con el fin de alcanzar los 100 TeV de la máquina de protones. Además, el túnel de 87 kilómetros podría incorporar un inyector de 15 TeV para la máquina de protones. Más tarde, cuando la tecnología de 15 T estuviera disponible, se podría equipar con los nuevos imanes el túnel de 270 kilómetros y así alcanzar los 300 TeV.

A pesar de su tamaño, los partidarios de este proyecto aseguran que los costes y los tiempos de realización serían considerablemente inferiores a los del FCC; pero esta propuesta, por muy interesante que parezca, todavía no se ha considerado una alternativa a la altura de las demás.

A LA CAZA DE LA SUPREMACÍA

El escenario que plantean los programas de los nuevos aceleradores permite comprender las grandes maniobras de la política científica a nivel internacional; y no son pocas las novedades que se observan.

La primera ya se ha mencionado: Estados Unidos parece resuelto a jugar un papel secundario; primero salieron escaldados del proyecto fallido del SSC y después tuvieron que padecer la terrible derrota a manos del CERN. Parece que el descubrimiento de W y Z y del bosón de Higgs ha podido con ellos y los ha dejado sin fuerzas y sin ganas de reaccionar. Con todo, Estados Unidos sigue siendo un país líder en tecnología, y sus inversiones en otros campos, como la astrofísica o la tecnología espacial, aún son impresionantes. Todo apunta a que a los americanos les cuesta dedicar recursos a un área donde dan por perdido el liderazgo.

Totalmente opuesto es el caso de los tigres asiáticos, no solo Japón, sino también Corea del Sur y sobre todo China. Los países del área más dinámica del planeta se están moviendo también en este ámbito a una velocidad pasmosa respecto a los demás.

Japón tiene una larga tradición en la física de altas energías, y la lista de premios Nobel que ostentan sus científicos es prueba suficiente de ello. China y Corea acaban de sumarse a la carrera pero los progresos que han hecho en los últimos quince años son impresionantes. Concretamente China, después de unos primeros pasos discretos, está empezando a producir resultados científicos absolutamente remarcables. Para reforzar una comunidad de físicos de altas energías numéricamente bastante reducida, el Estado ha hecho una llamada al extranjero para atraer a algunos de los mejores investigadores de origen chino; a los que trabajaban en las más prestigiosas universidades americanas les ha ofrecido sueldos competitivos y fondos para poder llevar a cabo sus investigaciones; para estimular sus nuevos proyectos de aceleradores ha contratado a personalidades de gran prestigio y ofrece cátedras a jóvenes físicos europeos o americanos dispuestos a enseñar en sus universidades.

En China las inversiones en investigación fundamental crecen año tras año, y de una forma que nosotros los europeos —que debemos luchar para sobrevivir a los recortes— no podemos sino soñar. Entre 2000 y 2010 se han multiplicado por dos; hoy día China invierte en investigación y desarrollo más que toda Europa.

Entre otras cosas ha lanzado un ambicioso programa de exploración espacial que incluye una estación científica en órbita y una serie de misiones de exploración lunar con el objetivo de volver a llevar al hombre a nuestro satélite. Cada año se inauguran decenas de universidades y se han construido importantes infraestructuras dedicadas a la física de los neutrinos, incluso un nuevo laboratorio subterráneo.

La clase dirigente china demuestra haber entendido que el hecho de invertir en ciencia permite la entrada del país en la élite tecnológica mundial; pero su proyecto es aún más ambicioso: no solo quieren participar, buscan la primacía; su objetivo es ser los primeros en actividades que consideran de importancia estratégica para una superpotencia que aspira a dominar el mundo.

Si hoy Europa mantiene un liderazgo incuestionable en el campo de la física de altas energías es gracias a la calidad de los científicos formados en las mejores universidades, a una antigua tradición y a organizaciones eficientes como el CERN, el sistema de entidades dedicadas a la investigación y la red de laboratorios nacionales; cumplimos todas las condiciones necesarias para mantener nuestra primacía y consolidarla. Ahora bien, se necesita un liderazgo político que no esté fragmentado en grupos nacionales y tenga una visión de largo alcance de la misión de nuestro continente. Es aquí donde topamos con ciertos problemas: muchas de las decisiones estratégicas científicas de Europa están condicionadas por la situación política de este o aquel gobierno, o dependen en última instancia de la coyuntura económica de uno u otro país. Es necesario un cambio de paradigma, que valga como una especie de pacto constitucional fundacional en nuestra propuesta de sociedad que mira hacia el futuro. Europa debe dedicar recursos de forma continuada a la financiación de la investigación a través de la potenciación de las universidades y los centros de investigación; solo creando generaciones de nuevos científicos e invirtiendo en formación podrá sostenerse el progreso y la innovación. Le corresponde al Estado el deber de estimular constantemente la investigación fundamental, y a las industrias el de desarrollar la investigación aplicada utilizando los conocimientos comunes y reclutando a los mejores jóvenes que salen de las universidades.

Sin una inversión considerable y continua en el campo de la ciencia, Europa carece de futuro; y corre el riesgo de perder su liderazgo natural en la física de altas energías.

10

UNA NUEVA GÉNESIS

CARDENALES Y JESUITAS LIDIANDO CON EL MULTIVERSO

CERN, 3 de junio de 2009

Hoy a John Ellis y a mí nos toca hacer de anfitriones. Recibimos a un jefe de Estado muy particular. Procede de una nación que cuenta con solo 836 habitantes, distribuidos en una superficie de 0,44 kilómetros cuadrados; es de las más pequeñas, pero su papel en el mundo es fundamental: Ciudad del Vaticano. La delegación la preside el cardenal Giovanni Lajolo, gobernador del Vaticano, una especie de primer ministro que desempeña el poder ejecutivo en nombre del Pontífice. La visita tiene un valor oficial y uno científico. Al cardenal lo acompañan el nuncio apostólico de Ginebra y dos de los mejores científicos del pequeño Estado, dos jesuitas, ambos astrónomos: José Gabriel Funes, director del prestigioso Observatorio Vaticano, y Guy Consolmagno, conservador de la colección de meteoritos del Observatorio, una de las más importantes del mundo. Uno de los motivos de la visita es hablar sobre la posible entrada del Vaticano en el CERN como observador, sobre el primer estadio del procedimiento que puede llevar a la aceptación de un nuevo miembro. Por este motivo la delegación es tan distinguida y, más allá de las formalidades protocolarias, la visita contempla una amplia discusión sobre temas científicos de interés común. Por la mañana hemos visitado el CMS y el centro de cálculo del CERN; después de comer nos reunimos en una salita que acoge pequeños seminarios: la sala A del edificio 61.

El Estado del Vaticano tiene una infraestructura de investigación centrada en la astronomía y la cosmología. El Observatorio del Vaticano gestiona dos telescopios: la vieja Specola en Castel Gandolfo, residencia de verano del Papa, y el VATT (Vatican Advanced Technology Telescope), situado en el Monte Graham, en Arizona, el mejor emplazamiento astronómico de Norteamérica. El VATT es un telescopio moderno con un espejo primario de cerca de dos metros; además, es el primer telescopio óptico infrarrojo que forma parte del Observatorio Internacional.

La Specola es uno de los observatorios astronómicos más antiguos que siguen operando. Fue fundado en la segunda mitad del siglo XVI, cuando el Papa Gregorio XIII necesitaba cálculos precisos para la reforma del calendario que lleva su nombre. Acudió a los jesuitas del Collegio Romano, donde había excelentes físicos, astrónomos y matemáticos, y para agilizar sus observaciones mandó construir una torre de setenta y tres metros, conocida hoy como Torre de los Vientos. La Specola Vaticana fue dotándose de instrumentos cada vez más sofisticados, que se instalaban en la Torre de los Vientos o en el Collegio Romano. Hace un siglo, cuando la contaminación lumínica de la ciudad se hizo excesiva, Pío XI decidió trasladar el observatorio a Castel Gandolfo, en los montes Albanos, a veinticinco kilómetros de Roma, donde sigue a día de hoy.

Y ahora estamos aquí, sentados alrededor de una mesa ovalada hablando de física. El primer tema que tratamos es la materia oscura. Funes y Consolmagno quieren saber cuál es nuestro programa respecto a la observación directa de partículas supersimétricas que podrían conducirnos hasta el neutralino. John Ellis resume el cuadro de los modelos super-simétricos más sencillos y yo expongo las principales líneas de investigación que seguimos para no descuidar ni un deta-lle. Luego hablamos del Big Bang, la transición electrodébil, la inflación. El padre Funes se interesa y pregunta, mientras el cardenal Lajolo se limita a escuchar y asentir. Al principio, John y yo procedemos con cautela; sabemos que son temas delicados y bastaría una nadería para ofender la sensibilidad de nuestros interlocutores. Nos cuidamos de evitar cualquier inconveniencia y vamos con pies de plomo; pero no podemos eludir la pregunta que nos plantean: «¿Qué pensáis de los multiversos?». De repente, nos damos cuenta de que toda la conversación no era más que un pretexto para llegar a este punto; quieren saber qué opinión nos merece la teoría que sostiene que nuestro universo no es el único que goza del pri-vilegio de la existencia. Si esta teoría acabara por confirmar-se sus consecuencias no serían solo científicas, sino también teológicas. El tema que intentábamos evitar por cuestión de respeto era justo el que querían abordar. La discusión ad-quiere de repente gran profundidad, y durante una hora de-batimos los puntos débiles y fuertes de la teoría de cuerdas, la inflación eterna, el estado del vacío y el universo de diez dimensiones. Nuestros colegas jesuitas demuestran un am-plio conocimiento de la cuestión; dominan los detalles más enrevesados y únicamente quieren contrastar sus opiniones con nuestros puntos de vista; quieren verificar el estado de la cuestión y demuestran la pasión por el conocimiento de un verdadero investigador: sin aprensión ni autocensura, con total libertad.

Al término de la reunión, en medio de los formalismos propios de estas ocasiones, no me puedo contener y se me escapa una frase: «Ha sido una hermosa discusión; si Galileo hubiera visto cómo hablábamos hoy aquí estaría orgulloso de nosotros». Mientras me estrecha la mano, el cardenal Lajolo me sorprende gratamente al decir: «Hablando de Galileo, ¿le gustaría venir a visitarnos al Vaticano? Me encantaría enseñarle las cartas de su puño y letra que guardamos en nuestros archivos; es un privilegio que pocos han podido disfrutar».

Muy a mi pesar no he encontrado el momento en todos estos complicados años de responder a su amable invitación; pero estoy seguro de que tarde o temprano iré.

En cuanto a los jesuitas argentinos, como Funes, pertenecen a una escuela muy especial, con una larga tradición de apertura y valentía intelectual. Durante la visita al CMS, Funes me habló en un perfecto italiano de su formación, su diplomatura en Córdoba y su doctorado en Padua. Hablando del interés por la ciencia dentro de la Iglesia mencionó a un jesuita argentino que había llegado a cardenal. Era de origen italiano y fue su examinador en Córdoba, cuando decidió unirse a los jesuitas. Con él había mantenido largas conversaciones sobre física, porque era uno de los pocos cardenales que tenía conocimientos científicos. Antes de estudiar teología se había licenciado en química. Funes hablaba de él con entusiasmo, como se habla de una gran personalidad; pero en ese momento no le presté demasiada atención. Unos años más tarde, recordé nuestra conversación cuando el cardenal Bergoglio fue elegido sumo pontífice con el nombre de Francisco.

¿Y SI REALMENTE HUBIÉSEMOS DESCUBIERTO LA PARTÍCULA DE DIOS?

Nunca me ha gustado este sobrenombre, siempre me ha parecido inapropiado; pero me doy cuenta de que, además de convertir el libro de Lederman en un superventas, ha entrado en el imaginario colectivo. Por mucho que intentemos evitarlo e insistamos en que no se trata más que de una partícula material, parece que todo el mundo, tanto periodistas como el público en general, se ha aficionado a esta expresión.

En mi caso, francamente, apenas disimulo mi fastidio cuando durante una conferencia alguien saca a relucir la partícula de Dios. Por otro lado, creo que la expresión puede resultar ofensiva. No soy creyente, pero siempre he respetado la fe de los demás. Cuando hablo de los primeros instantes de vida del universo me esfuerzo en no herir la sensibilidad de los que entienden el mundo material como el resultado de una creación, la manifestación de una inteligencia superior; sé que las observaciones científicas se detienen justo antes de ese acto de fe que cualquiera es libre de realizar y que yo no me permito juzgar.

Asimismo, he de confesar que las reflexiones más recientes de la comunidad científica acerca del papel del bosón de Higgs podrían abrir perspectivas completamente nuevas, que, de confirmarse, justificarían incluso el calificativo que se le ha atribuido. Algunas hipótesis defienden que el bosón de Higgs podría resolver tres de los grandes enigmas de la física actual: la prevalencia de la materia sobre la antimateria, el origen de la inflación y la energía oscura.

La primera cuestión nos incumbe en tanto que seres materiales. Nada puede inducirnos a pensar que el Big Bang produjera cantidades distintas de materia y antimateria, y sabemos que si estas dos especies tan diferentes entran en contacto entre sí se aniquilan en un abrir y cerrar de ojos. Entonces ¿por qué la antimateria ha ido desapareciendo, y en el cosmos ha quedado únicamente la materia, de la que estamos hechos nosotros y todo lo que nos rodea?

La radiación cósmica de fondo nos dice que toda la materia que ha llegado hasta nuestros días no es más que una pequeñísima fracción de la materia original. La materia y la antimateria del cosmos primordial se eliminaron mutuamente, emitiendo la cantidad de fotones que todavía podemos observar en el universo; pero por algún mecanismo desconocido una millardésima parte de las partículas presentes en los primeros instantes sobrevivió a aquel primer y fatídico abrazo; de ese pequeño residuo se ha originado todo lo que conocemos. Nuestra propia existencia testimonia el triunfo de la materia sobre la antimateria: un detalle, un pequeño detalle y... ¡aquí estamos!

Durante décadas hemos pensado que todo se debía a alguna diferencia de comportamiento entre la materia y la antimateria, una sutil anomalía que rompe la perfecta armonía originaria y es la base de todo. Se han llevado a cabo estudios detallados y efectivamente se han hallado diversos mecanismos que le confieren a la materia una leve prevalencia en los procesos de desintegración entre partículas y antipartículas; el Modelo Estándar tiene en cuenta estas diferencias, pero el predominio de la materia es demasiado pequeño para explicar el exceso que observamos a nuestro alrededor.

En los últimos años ha irrumpido con fuerza una nueva hipótesis. También en este caso, todo podría haberse decidido durante la transición de fase electrodébil. Según ocurriera esta transición, en un momento determinado, un instante después del Big Bang, pudo haberse decidido nuestro destino. En un universo donde la materia y la antimateria eran equivalentes —y que en cualquier momento podía volver a ser pura energía— es posible que bastara una leve preferencia del bosón de Higgs por acoplarse con la materia en lugar de con la antimateria para que se constituyera el universo tal y como lo conocemos; o quizá fuera determinante cómo ocurrió la transición de fase. Todo se decidió un segundo antes de que el campo escalar ocupara todos los rincones del universo, cuando se formaron las primeras y diminutas pompas de aquel extraño vacío donde la interacción débil se separaba de forma definitiva de la electromagnética. En la superficie de estas pompas de rápida expansión puede haberse creado una leve asimetría entre materia y antimateria que, en el caso de que el paso de fase fuera muy rápido, sobrevivió y se convirtió en una propiedad general.

He aquí el minúsculo «defecto», la sutil «imperfección» que dio origen a todo; una anomalía que es el principio de un universo material cuya evolución dura ya miles de millones de años.

Si este es el momento originario habrá que estudiarlo detalladamente, reconstruirlo fotograma a fotograma, a cámara lenta y desde diversos ángulos, igual que se hace con la jugada del gol que marca la final del Campeonato del Mundo. Para ello habrá que construir un nuevo acelerador, mucho más potente que el LHC. Una máquina como el FCC, con sus 100 TeV en el centro de masa, sería el instrumento ideal para estudiar el potencial del Higgs lejos de esa posición de equilibrio donde descansa sosegadamente desde el Big Bang. Harán falta años, quizá décadas, pero al final conseguiremos escribir un nuevo y crucial capítulo de nuestra historia.

El segundo misterio que el bosón de Higgs podría resolver es todavía más asombroso: ¿qué es lo que puso en marcha la expansión exponencial, la «inflación», que permitió al universo crecer a escala cósmica en las primeras fases de su existencia?

Sabemos que es necesaria una partícula escalar, el inflatón, para desencadenar una inflación cósmica. El recién descubierto Higgs es la primera partícula escalar fundamental del Modelo Estándar; pero ¿y si el bosón de Higgs fuera también el inflatón? Esta posibilidad existe y está siendo ampliamente debatida.

La masa del nuevo bosón es de 125 GeV, un valor muy especial; no son pocos los que creen que permitiría al Higgs producir un potencial muy parecido al que se cree que pudo generar la inflación cósmica: una especie de colina con una pendiente mínima que crece lentamente para acabar precipitando en un pozo de potencial. Según algunos modelos el potencial del campo escalar podría incluso tener dos mínimos. Así, en un primer momento se habría lanzado hacia el mínimo local más cercano, desencadenando el crecimiento inflacionario; más tarde, debido al efecto túnel cuántico, o gracias a otro mecanismo, la nueva partícula podría haber retomado su carrera hacia un punto de equilibrio estable, origen del vacío electrodébil en el que todavía hoy se encuentra. Así pues, el bosón de Higgs tendría una doble tarea: por un lado, provoca el alboroto que da origen a todo; por el otro, cuando el paroxismo se calma, pone orden entre las distintas interacciones y organiza las familias de las partículas elementales —asignándole a cada una el valor exacto de su masa— de manera que todo pueda desarrollarse armónicamente durante miles de millones de años. Claro que, si resultara que el Higgs ha desempeñado un papel tan articulado y complejo en la formación de nuestro universo material, sería difícil negarle el derecho a llamarse la «partícula de Dios».

En realidad, el asunto es mucho más complejo, porque por muy sugestiva que sea, la hipótesis de que el Higgs pueda ser el inflatón ha sido ampliamente contestada por gran parte de la comunidad científica; cabe la posibilidad de que el Higgs haya desempeñado un importante papel en la inflación, pero muchos creen que cabe conjeturar la presencia de otro escalar que lo acompañe y ayude, como si la tarea fuera demasiado ardua y no pudiera lograrlo solo. Acabamos por volver a la pregunta que nos planteábamos al principio: ¿el bosón de Higgs está solo o no es más que el primer miembro de una familia entera de partículas escalares?

Para averiguar más será necesario realizar muchos más estudios. En primer lugar, habrá que medir con precisión la evolución de su potencial con la energía que, a su vez, depende de parámetros como la masa del top y la constante de emparejamiento de la interacción fuerte, que también tendrán que medirse con mucha precisión. El emparejamiento del bosón de Higgs consigo mismo es otro parámetro decisivo que podría depararnos alguna sorpresa; para medirlo habrá que estudiar un insólito proceso que quizá podamos apreciar en la primera fase de alta luminosidad del LHC: la producción de parejas de Higgs. Para estudiar detalladamente este extraño mecanismo según el cual un bosón de Higgs se desintegra a su vez en una pareja de Higgs habrá que construir nuevos aceleradores y tener mucha paciencia; el proceso es tan insólito y complicado que solo produciendo millones de copias seremos capaces de reconstruir las necesarias para poder medirlas.

Pero es posible que ni siquiera esto sea suficiente para disipar el recelo que concierne al papel del Higgs en la inflación. Para acabar de confirmar esta hipótesis habrá que verificar si en el fondo de radiación cósmica ha quedado impresa aquella sutil huella fósil propia del Higgs primordial.

El universo es una especie de gigantesco horno microondas: hace millones de años hervía, y todavía no se ha enfriado del todo. Se sigue estudiando su radiación con los instrumentos más sensibles, porque todavía conserva débiles trazas de su historia. Este vórtice de fotones procedentes de todas partes que hay por doquier es una valiosísima fuente de información sobre lo que ocurrió en los fatídicos primeros instantes. Para estudiarlo detalladamente es necesario evitar las interferencias propias de los ambientes terrestres normales, razón por la cual se ponen aparatos en órbita o se plantan detectores especiales en las zonas más remotas de la Antártida.

Si el Higgs desencadenó la inflación, tiene que haber dejado alguna huella; pero si intentamos calcularla resulta que el «toque» del Higgs fue muy delicado. Los fotones de la radiación cósmica de fondo se separaron definitivamente de la materia 380.000 años después del Big Bang; por aquel entonces, mientras los fotones y los electrones eran continuamente expulsados y absorbidos por la materia, tuvieron tiempo suficiente para interactuar con el mar de ondas gravitacionales que había producido la inflación y que siguió removiendo durante milenios el universo primordial. Las perturbaciones del espacio-tiempo se transmitieron a los fotones que interactuaban con las ondas, y fueron estos últimos los que se llevaron una impronta especial. Una polarización característica propia de esta interacción en particular y de la que han permanecido huellas sutiles en el fondo de radiación cósmica durante miles de millones de años.

Los experimentos más sofisticados han buscado esta polarización especial, pero es un efecto diminuto, escondido bajo otros fenómenos, y las señales que produce son extremadamente débiles. Es como intentar oír el eco lejano del hipo de un bebé al cabo de 13.800 millones de años; si realmente el Higgs hubiera desencadenado la inflación, esta señal estaría hoy muy por debajo de la sensibilidad de nuestros experimentos actuales.

Mientras tanto, tal vez descubramos alguna novedad en las relaciones entre el bosón de Higgs y el misterio más grande de la física en los albores del tercer milenio: la energía oscura.

Todo lo que sabemos de esta entidad por identificar es que tiene un valor constante distribuido por todo el espacio. Un valor muy pequeño pero que no es igual a cero. De hecho, lo más sorprendente no es la existencia de la energía oscura, sino que su valor sea tan bajo; si calculamos la energía que debería contener el vacío en función de los conocidos mecanismos de fluctuación estadística, obtenemos una densidad de energía que difiere en 120 (¡sic!) órdenes de magnitud, lo cual es una barbaridad. Se le ha colgado el nombre de «la catástrofe del vacío», dado que se considera el peor desastre de una previsión teórica en toda la historia de la física.

Hay quien piensa que existen mecanismos de cancelación debidos a partículas tipo SUSY, que podrían contribuir negativamente a la energía total, conduciendo, por sustracción de prácticamente la totalidad, a este mágico número, positivo pero tan cercano al cero; también hay quien plantea que la solución depende del bosón de Higgs.

El campo del Higgs tiene un valor específico, constante en todo el espacio, al que le corresponde un potencial nulo; precisamente por esto la diferencia de energía potencial entre dos puntos cualquiera es exactamente igual a cero. Esto explica por qué el campo del Higgs no puede contribuir a la energía oscura: la densidad de energía del campo escalar es nula. En cambio, si el campo del Higgs tuviera un valor ligeramente superior o inferior al mágico valor responsable de que el potencial sea nulo por doquier, tendríamos energía distribuida por doquier; pero si además del Higgs tenemos en cuenta un nuevo campo escalar pequeñísimo con el cual el bosón se empareja, entonces podría crearse esa pequeña diferencia que explicaría la energía oscura. Una hipótesis fascinante que, a pesar de no resolver la enorme discrepancia antes expuesta, abre vías muy sugerentes. Gracias al Higgs llegaremos a descubrir uno de los misterios más intrigantes de la física moderna.

En resumen, mientras muchos científicos muestran su decepción por el hecho de que todavía no se hayan descubierto pruebas directas de nueva física, otros se preguntan: ¿y si ya las hubiéramos descubierto?

¿Quién nos asegura que el Higgs, esta partícula tan especial, no es él mismo una evidencia? Efectivamente, el nuevo bosón es una partícula muy extraña, tan extraña que es capaz de interactuar consigo misma; la partícula más sencilla es en realidad la más compleja de entender. ¿Qué hace ahí, tan sola, sin carga ni espín, separada de todas las demás partículas organizadas en las dos grandes familias? ¿Qué papel representa en la tragedia cósmica este personaje extravagante capaz de dialogar tanto con los Montesco que forman la materia, como con los Capuleto que transportan la interacción? ¿Y si fuera la primera partícula de una familia de escalares inconciliable con el Modelo Estándar? Imaginemos por un momento las risas que se echarán a nuestra costa dentro de unas décadas cuando se nos recuerde. «¡Qué extraños estos científicos de principios de siglo! Habían descubierto la nueva física y no se habían dado cuenta; buscaban por doquier algo que tenían ahí, ante los ojos.»

LOS NUEVOS GRANDES RETOS

El descubrimiento del Higgs nos ha colocado en una encrucijada cuyo centro lo ocupan las siguientes cuestiones fundamentales: el origen de las partículas elementales, los mecanismos que han producido nuestro universo material, la estructura misma del espacio-tiempo, y la materia y la energía oscura.

Son cuestiones para las cuales habrá que idear una nueva generación de experimentos, no solo basados en aceleradores. Una vez más, el estudio de las partículas elementales tendrá que acompañarse de una comprensión más profunda de las grandes estructuras cósmicas. El descubrimiento de nuevas partículas tal vez desvele algunos misterios del universo; y viceversa, las observaciones astrofísicas podrán ofrecernos nueva información sobre lo infinitamente pequeño. Las dos vías de conocimiento se completan e integran como nunca antes.

La observación de los objetos más gigantescos que podamos imaginar —las galaxias más lejanas, los grandes cúmulos y el fondo de radiación cósmica— es el terreno de estudio de una nueva generación de supertelescopios, grandes aparatos instalados en tierra o moviéndose en órbita, que exploran los objetos más compactos y distantes del universo. Estas máquinas están permitiendo que nuestra mirada llegue más lejos con el fin de captar cualquier posible señal. Cada día se dibujan mapas más detallados del cosmos utilizando no solo las tradicionales señales ópticas sino también las ondas radio en todas sus frecuencias, los rayos X y gamma e incluso los neutrinos y los rayos cósmicos.

La exploración tradicional con telescopios ópticos continúa produciendo grandes resultados gracias a las nuevas técnicas que permiten concentrar la débil luz procedente de las galaxias más lejanas. Somos capaces de producir espejos gigantescos que superan los diez metros de diámetro, compuestos por decenas de espejos secundarios que, mediante precisos movimientos controlados por ordenador, pueden alinearse de tal forma que concentran en el foco incluso la más leve señal. Se han desarrollado nuevos sensores, extremamente sensibles tanto a las frecuencias de lo visible como a los también interesantes infrarrojos y ultravioletas. Además, para eliminar las interferencias debidas a la atmósfera y a la contaminación lumínica presentes incluso en los desiertos más solitarios del planeta, se estudia lanzar al espacio una nueva generación de telescopios, un relevo para el *Hubble*, que lleva más de veinticinco años orbitando a 550 kilómetros de la tierra y sigue enviándonos algunas de las imágenes más bellas de las galaxias que decoran los confines de la bóveda celeste.

Enormes radiotelescopios continúan registrando las más leves emisiones de ondas radio procedentes de los púlsar —estrellas de neutrones que giran alrededor de sí mismas a velocidades de vértigo— y los núcleos galácticos activos, galaxias que son devoradas por el agujero negro supercompacto alrededor del cual gira toda la materia que las compone. Las insignificantes señales que llegan hasta nosotros nos hablan de regiones enteras del universo donde ocurren descomunales catástrofes, así como de ambientes caóticos y fenómenos terribles, muy diferentes al sosegado rincón del mundo que habitamos. Pero será quizá gracias a la comprensión de estas lejanas catástrofes como nuestra imagen del universo se volverá más completa y precisa.

Complejos detectores terrestres y en órbita, algunos en estaciones espaciales, están llevando nuestra mirada más allá, reconstruyendo el mapa del universo tal y como aparece en las frecuencias de los rayos X y gamma. Para conocer el origen de los rayos cósmicos, en particular de aquellos procedentes de las zonas más profundas del espacio y cuya energía es aterradora, se instalan detectores en los valles del altiplano del Tíbet y se equipan con instrumentos de medición 3.000 kilómetros cuadrados de la pampa argentina. Para detectar los neutrinos procedentes del Sol y de fenómenos como las supernovas hay quien se adentra en las minas más profundas; otros sumergen en el mar enormes cadenas de fotosensores, a cientos de metros de profundidad, en el santuario de cachalotes que hay cerca de Capo Passero, en Sicilia; también hay quien instala detectores en un kilómetro cúbico de hielo en la Antártida.

Las tropas especiales del conocimiento no descansan nunca y trabajan incluso en los rincones más inhóspitos del planeta.

El mundo entero participa en la cacería de la materia oscura, que es, de entre todos los misterios, el que a día de hoy parece estar más al alcance de la mano. Las investigaciones mediante aceleradores no son suficientes para cubrir todas las posibles formas bajo las cuales podría esconderse este tipo de materia; así pues, se instalan aparatos ultrasensibles cuyo objetivo es identificar las señales de las interacciones que estas partículas tienen con la materia ordinaria. Los eventos son absolutamente insólitos, y la energía que se libera insignificante; por esta razón se construyen detectores criogénicos que operan a temperaturas muy cercanas al cero absoluto, con el fin de registrar la diminuta cantidad de calor producida por el hurto de una partícula de materia oscura con los átomos de un cristal ultrapuro como el germanio. Así pues, nos las ingeniamos para inventar nuevas técnicas de obtención de cristales con niveles bajísimos de impurezas; también se buscan los minúsculos destellos de luz que se crean cuando una de estas partículas choca con los átomos de un gas noble líquido, como el xenón o el argón; es entonces cuando los físicos reúnen toneladas de estos gases para licuarlos, y se inventan nuevos métodos de destilación para alcanzar la máxima pureza; los materiales sensibles tienen que depurarse de cualquier forma de contaminación para evitar que los residuos radiactivos de la desintegración debidos a alguna impureza enmascaren la señal. Por último, para reducir al mínimo la confusión generada por el flujo de rayos cósmicos que golpea diariamente la Tierra, se instalan aparatos en minas abandonadas o en laboratorios subterráneos protegidos por kilómetros de roca en cualquier lugar de Norteamérica, Europa o China.

Para asegurarse de que no se deja nada por intentar, se lanzan aparatos al espacio en busca de señales indirectas. Allí arriba, a cientos de kilómetros de la Tierra, es más fácil detectar producciones anómalas de partículas raras, como los positrones, en las que podríamos observar procesos de aniquilación de partículas de materia oscura entre sí.

Durante las próximas décadas, si combinamos la investigación directa y la indirecta en los aceleradores, los laboratorios subterráneos y los satélites, no quedará un lugar en el universo donde la materia oscura pueda esconderse a nuestras observaciones; no es difícil conjeturar que antes de la primera mitad del siglo alguien encontrará una explicación convincente a este misterio, uno de los más intrigantes de la naturaleza.

También se han puesto en marcha numerosos proyectos para estudiar la energía oscura. Uno de los más interesantes, el Dark Energy Survey, empezó a recoger datos hace un par de años. El corazón del experimento es una cámara fotográfica digital de gran angular y tecnología puntera acoplada a un potente telescopio óptico que permite ver una infinidad de galaxias lejanas y registrar sus movimientos. La nueva cámara de 570 megapíxeles se ha construido combinando decenas de sensores especiales entre sí, sensibles a las frecuencias del rojo, las más importantes para observar las galaxias más lejanas. Para reducir las interferencias en la reconstrucción de las imágenes, la cámara opera en el vacío a −100 °C y utiliza sistemas innovadores de reconstrucción de imágenes y reducción de ruido; se ha instalado en el foco de un telescopio de cuatro metros de diámetro sobre el cerro Tololo, a 2.200 metros sobre el nivel del mar, 460 kilómetros al norte de Santiago de Chile. El telescopio aprovecha las condiciones ópticas ideales de los Andes para observar, una por una, varias porciones de cielo, y así luego poder reconstruir las imágenes de las miles de galaxias que las pueblan. En cinco años de observación se pretenden estudiar 300 millones de galaxias situadas a miles de millones de años luz de nosotros. La era de las medidas de precisión de la energía oscura ha comenzado.

DESENTRAÑAR LOS SECRETOS DE LEJANAS CATÁSTROFES

Por último he aquí el mayor de todos nuestros obstáculos: entender la más obvia y a la vez la más elusiva de las interacciones: la gravedad. Siglos después de Galileo y Newton, generaciones enteras de físicos siguen preguntándose sobre la más común de las fuerzas y sobre el papel que ha jugado durante los primeros instantes de vida del universo. En realidad, hasta el día de hoy la gravedad ha conseguido escaparse a todos los intentos que pretendían definirla como una fuerza igual a las demás. La partícula de esta interacción, el gravitón, sigue siendo todo un misterio; nadie ha conseguido registrar ondas gravitaciones o crear una teoría cuántica de la gravedad convincente; pero los progresos han sido enormes y podría haber grandes descubrimientos a la vuelta de la esquina.

Los experimentos que intentan observar directamente ondas gravitacionales han alcanzado un elevado grado de sofisticación, especialmente desde que entraron en juego los grandes interferómetros. Las ondas gravitacionales son sutiles encrespamientos del espacio-tiempo previstas por la relatividad general, pero son tan débiles que hasta ahora se han escapado a todos los intentos de observarlas. Solo la observación de la contracción de la órbita de algunos púlsares en sistemas binarios de estrellas nos ha traído pruebas indirectas de la emisión de ondas gravitacionales. Los púlsares son cuerpos celestes extremadamente compactos que concentran en un radio de unos diez kilómetros una masa que puede llegar a ser el doble de la del Sol. Son estrellas altamente magnetizadas que giran sobre sí mismas a velocidades increíbles y emiten impulsos de radiación electromagnética en los polos; de ahí su nombre, que es la contracción de Pulsating Radio Star. Cuando dos estrellas de neutrones forman un sistema binario ruedan vertiginosamente en órbitas elípticas alrededor del centro de masa del sistema, y en estas condiciones la relatividad especial sugiere que una fracción de su energía orbital se emite en forma de ondas gravitacionales; en caso de que la energía sea menor la órbita se contrae en el tiempo. Es la observación que llevaron a cabo Russell Hulse y Joseph Taylor, dos astrónomos que trabajaban en el enorme radiotelescopio de Arecibo en Puerto Rico y que estudiaron lo que ocurría en el púlsar B1913+16. Gracias a este descubrimiento recibieron un Nobel en 1993.

A partir de ese momento comenzó la cacería a la detección directa de ondas gravitacionales, y se convirtió en una prioridad que atrajo el interés de cientos de científicos, así como la atención de las grandes agencias de investigación; se destinaron recursos para la construcción de modernas infraestructuras basadas en enormes interferómetros.

El principio de funcionamiento de estos aparatos es simple: un haz láser se divide en dos y se envía en direcciones perpendiculares. Los dos haces recorren algunos kilómetros a través del vacío más absoluto, luego son reflejados por espejos especiales y vuelven hacia atrás para encontrarse de nuevo. El cruce de los haces produce fenómenos de interferencia que dependen de las más leves diferencias de camino óptico. Si pasa una onda gravitacional, la distorsión del espacio-tiempo estira uno de los dos brazos y acorta el otro; de esta minúscula diferencia nace una señal.

Los instrumentos dedicados a la investigación de ondas gravitacionales son de los más sofisticados que ha creado la humanidad. Actualmente son capaces de detectar una diferencia entre los caminos ópticos de dos haces de hasta 10^{-19} metros, la diezmilésima parte de las dimensiones de un protón. Sin una sensibilidad tan elevada no habría ninguna esperanza de recoger las señales vinculadas al paso de una onda.

Los fenómenos que pueden generar ondas gravitacionales significativas ocurren muy lejos de nuestro planeta. Si las comparamos con la irradiación electromagnética, para irradiar una onda gravitacional hace falta una carga gravitacional, es decir, una masa acelerada; pero la fuerza de la gravedad es tan débil que solo si se someten masas gigantescas a aceleraciones muy elevadas pueden producirse ondas gravitacionales lo bastante fuertes como para dejar huella en los experimentos de la Tierra. Se trata de dar caza a fenómenos catastróficos, como la explosión de una supernova, la fusión de un sistema binario de dos estrellas de neutrones formando un agujero negro o la fusión de dos agujeros negros supercompactos. La teoría nos dice que durante las últimas fases de estos fenómenos se emiten ondas gravitacionales muy potentes, aunque su intensidad disminuye rápidamente con la distancia; con todo, las ondas emitidas pueden dejar huellas en los interferómetros terrestres si la distancia de los cuerpos celestes no supera los 100 millones de años luz. Cuanto mayor es la sensibilidad de los instrumentos, mayor es el radio de escucha, es decir, mayor es el número de galaxias que pueden observarse, y más alta la probabilidad de registrar uno de estos eventos y gritar: ¡Eureka!

Aumentar la sensibilidad significa combatir el ruido; la distancia entre los espejos varía continuamente a causa de multitud de fenómenos que es necesario tener bajo control. Los espejos penden de aparatos terrestres y por mucha cautela que uno tenga su posición se ve afectada incluso por los más leves sismos del planeta; complejos sistemas de atenuación intentan eliminar todas las perturbaciones que puedan transmitir el suelo o el aire: el paso de un camión o de un avión a kilómetros de distancia, el viento que agita las hojas, las olas del mar rompiendo contra los escollos o el fluir de un río; también hay que tener en cuenta el movimiento browniano de los espejos mismos, las fluctuaciones estadísticas del número de fotones emitidos por los láseres que los iluminan, etcétera. Son necesarios cientos de trucos para acallar todas estas interferencias y percibir el sutilísimo susurro que transmite la onda; es como si se buscara un silencio absoluto para poder escuchar el eco lejano del pequeño «eructo» emitido por un agujero negro que acaba de devorar una gigante roja cuya masa es diez veces la del Sol a cincuenta millones de años luz de nosotros; o el «gorjeo» de dos agujeros negros que acaban de fusionarse después de girar el uno alrededor del otro de forma paroxística durante las últimas fases de su danza macabra.

Para combatir el ruido y aumentar la sensibilidad se han construido más aparatos y se han vinculado entre sí. Conociendo las distancias entre los interferómetros se puede calcular cuánto tardaría la onda en dejar huella en cada uno de ellos, lo cual supone un ulterior instrumento a la hora de reducir el ruido. El observatorio LIGO (Laser Interferometer Gravitational-Wave Observatory) gestiona tres grandes interferómetros en Estados Unidos: uno en Livingstone, Indiana, y los otros dos en el mismo tubo de vacío en Hanford Site y Richmond, en el estado de Washington. Los tres aparatos americanos colaboran y comparten sus datos con el interferómetro italo-francés VIRGO, cuyo nombre deriva de un cúmulo de 1.500 galaxias que se encuentra en la constelación de la Virgen, a cincuenta millones de años luz de distancia. El VIRGO está instalado en Italia, en Cascina, cerca de Pisa. Hay otros interferómetros de menor tamaño y sensibilidad en Alemania y Australia, y en India están proyectando la construcción de otro.

Hasta ahora ninguno de los aparatos ha conseguido registrar una señal de ondas gravitacionales, pero los progresos que se han realizado en los últimos años han mejorado la sensibilidad e invitan al optimismo; todo indica que estamos cerca de un descubrimiento. El día que alcancemos este objetivo no solo será un gran momento para la ciencia, sino que también quedará inaugurada una nueva rama de la astronomía; se podrá observar el universo desde una perspectiva totalmente diferente y complementaria a la actual. Utilizando nuevos instrumentos y equipando también el hemisferio austral podrán identificarse las fuentes de ondas gravitacionales y tal vez construir una nueva imagen del universo utilizando una radiación completamente diferente a la actual. Las informaciones que podremos obtener utilizando todas las frecuencias del espectro electromagnético, además de los rayos cósmicos, los neutrinos y las ondas gravitacionales, permitirán arrojar algo de luz sobre los secretos de esas lejanas catástrofes cuya comprensión entraña un mejor conocimiento de nuestro universo. Maximizando la sensibilidad se intentará identificar las ondas gravitacionales fósiles, residuo del Big Bang, y quizá empecemos a entender el papel que la gravedad desempeñó en los primeros instantes del universo.

Por esta razón ya se ha propuesto la instalación de interferómetros en el espacio; aparatos que orbitarán alrededor del Sol, lejos de cualquier molestia sísmica, que se moverán en el máximo vacío del espacio sideral y utilizarán haces láser que recorrerán millones de kilómetros. Se trata del proyecto eLISA (evolved Laser Interferometer Space Antenna) de la Agencia Espacial Europea, para el cual se están llevando a cabo pruebas de fiabilidad y que podría ponerse en órbita en 2034.

Recogerá estos desafíos una nueva generación de científicos, capaz de dar un salto cualitativo a la hora de idear nuevos y más sofisticados instrumentos, así como las tecnologías necesarias para producirlos. Necesitamos una generación de mentes jóvenes y brillantes que den un nuevo impulso a la carrera del conocimiento.

EPÍLOGO
BONOBOS, CHIMPANCÉS Y SUPERNOVAS

No somos los únicos simios antropomorfos que tienen su propia concepción del mundo. Los paleoantropólogos han detectado diversas especies de homínidos que se han desarrollado paralelamente al *Homo sapiens*. No somos los únicos habitantes de la Tierra, también la pueblan los chimpancés y los bonobos, así como los orangutanes y gorilas. Solo recientemente los hemos admitido como primos cercanos, a pesar de que compartimos con ellos gran parte del patrimonio genético: somos especies sociales, utilizamos formas de lenguaje, organizamos ritos y ceremonias y sobre todo tenemos visión de futuro y percepción de la realidad.

Para todas las especies de homínidos esta ha sido una gran ventaja evolutiva. Saber construir herramientas para conseguir comida, buscar la piedra adecuada para romper una nuez, o una rama lo bastante fina para que quepa en la cavidad donde las abejas tienen la miel, son habilidades que requieren una concepción de uno mismo y de la realidad circundante. Organizarse para transmitir al clan cualquier peligro potencial implica tener conciencia del alcance de nuestras acciones, así como la transmisión del conocimiento entre generaciones.

Los progresos del *Homo sapiens* a la hora de adaptarse a los ambientes más dispares han sido siempre asombrosos; pero en los últimos cuatrocientos años ha ocurrido algo extraordinario que ha supuesto un impulso en su pugna por habitar este planeta. Este particular homínido ha descubierto un nuevo instrumento que le permite construirse una visión del mundo mucho más sofisticada y completa de la que había desarrollado hasta el momento; este nuevo instrumento se llama «método científico», su descubrimiento es relativamente reciente y su autor es el italiano Galileo Galilei.

Cuando en 1604 una nueva estrella apareció en el cielo, todos los habitantes de Europa volvieron su vista al firmamento para observar el astro. Hoy sabemos que fue una supernova. La llamamos SN1604, siguiendo la nomenclatura que incorpora a las siglas el año en que ocurrió la explosión. El interés por la observación de los astros condujo a Galileo a mejorar uno de los primeros y rudimentarios catalejos, que convirtió en un instrumento de investigación científica. En cuanto el aparato alcanzó un adecuado número de aumentos, Galileo se dedicó a observar la Luna y los principales planetas del sistema solar; concentró su atención en Júpiter y en las extrañas «estrellitas» que lo rodeaban, que parecían moverse de forma extravagante; las conclusiones a las que llegó no dejaban lugar a dudas: se trataba de satélites de Júpiter.

Galileo vio cosas que no debía ver: la Luna no era un astro perfecto e incorruptible, tal y como se creía entonces, sino que estaba llena de valles y montañas parecidos a los terrestres; alrededor de Júpiter orbitaban lo que los científicos llamarán los «satélites Mediceos», y juntos formaban un sistema solar en miniatura. Todo esto vio Galileo; pero lo más inaudito de todo es que tuvo el coraje de ponerlo por escrito.

En 1610, cuando Galileo publicó el *Sidereus Nuncius*, nadie podía imaginarse que aquellas observaciones que le acarrearían tantos problemas iban a cambiar el mundo para siempre. Supusieron un cambio histórico cuyo impacto puede compararse a grandes revoluciones como el desarrollo del lenguaje, del arte y del pensamiento simbólico.

Con Galileo nació la ciencia moderna y la modernidad en general; para indagar en la naturaleza y construirse una visión más completa del mundo no hay que buscar confirmaciones a lo que está escrito en los libros o lo que transmite la tradición. A partir de ese momento, el hombre es un ser libre que busca en su interior, en su propia inteligencia y creatividad una explicación para la realidad circundante. Se explora la naturaleza, se plantean hipótesis y se verifican los resultados tras llevar a cabo varios experimentos; cuando la hipótesis falla y no se logra demostrar aunque sea el fenómeno más insignificante hay que descartarla y buscar una nueva. De este modo, la ciencia amplía sus horizontes, corrige sus límites y errores y adquiere el poder de previsión que aún hoy la convierte en la protagonista de los cambios más profundos.

Tenemos frente a nosotros grandes desafíos que, con toda probabilidad, requieren un nuevo cambio de paradigma en nuestra forma de pensar el mundo. Tal vez el descubrimiento del bosón de Higgs ha marcado el inicio de este cambio. Tal vez dentro de unos años la humanidad podrá acelerar más todavía en su carrera hacia el conocimiento, desarrollando tecnologías que hoy parecen impensables.

No sé cuánto tiempo pasará antes de que se produzca una nueva revolución conceptual de la física; tal vez décadas, o puede que más; pero estoy seguro de que la llevará a cabo una nueva generación de jóvenes científicos, mentes frescas, intrépidas, deseosas de demostrarle al mundo lo que ellos son capaces de hacer allí donde todas las generaciones anteriores fallaron.

Por suerte, vivimos en un país donde a pesar de todo siguen existiendo óptimas condiciones para que los jóvenes brillantes que quieren dedicar su vida a la investigación puedan destacar; contamos con una gran tradición en el campo de la física de altas energías, varias universidades excelentes, una eficiente organización de la investigación basada en entidades como el INFN, cuyos laboratorios e infraestructuras son la envidia de todo el mundo.

Solo deseo que la lectura de este libro le haya inspirado a alguno de estos jóvenes el deseo de emprender una aventura que podría cambiar su vida para siempre; y, quizá, la de todos nosotros.

AGRADECIMIENTOS

En primer lugar, me gustaría darles las gracias a Fabiola Gianotti, Michel Della Negra, Peter Jenni, Jim Virdee, Joe Incandela, Sergio Bertolucci y Rolf Heuer, compañeros de viaje y con quienes he compartido las emociones más grandes de esta maravillosa aventura. Un agradecimiento especial para Giorgio Brianti, Lyn Evans, Steve Myers, Lucio Rossi, Roberto Saban y los cientos de físicos e ingenieros que han construido y puesto en marcha el LHC.

También quiero dar las gracias a todos mis amigos del CMS, con quienes he trabajado tantos años: Alain Hervé, Austin Ball, Sergio Cittolin, Fabrizio Gasparini, Igor Golutvin, Dan Green, Daniel Denegri, Teresa Rodrigo, Albert de Rock, Gigi Rolandi, Boaz Klima, Vivek Sharma, Gianni Zumerle, Rino Castaldi, Marcella Diemoz, Umberto Dosselli, Ettore Focardi, Kirsti Aspola y Nathalie Bleesz-Griggs.

Quisiera mostrar mi agradecimiento a las personas que he conocido a lo largo de todos estos años y en particular a aquellos cuyas huellas han sido tan profundas que se han convertido en verdaderos protagonistas de este relato: Carlo Rubbia, Gerard 't Hooft, John Ellis, Sam Ting, Luciano Maiani, Sau Lan Wu, Marco Tronchetti Provera, Piero Lucchini, Giovanni Lajolo, José Grabriel Funes y Guy Consol-magno.

A François Englert y Peter Higgs, sin cuya intuición no habría sucedido nada de lo que se cuenta en este libro, un fuerte abrazo, que también me gustaría compartir con los cientos de jóvenes del ATLAS y el CMS que han llevado a cabo esfuerzos inimaginables para hacer posible este descubrimiento.

También quiero agradecer a todos los que me han animado a escribir este libro, en primer lugar a Luciana, mi mujer, y a continuación a Amir Aczel, Sandro Garzella, Gian Francesco Giudice y Andrea Parlangeli.

Por último una mención especial a tres personas maravillosas que han tenido un papel importante en esta historia y nos han abandonado hace poco: Peter Sharp, Emilio Picasso y Lorenzo Foà.

Para la composición de este texto
se han utilizado tipos de la familia Sabon,
a cuerpo 12,2 sobre 16,8. Diseñada por Jan Tschichold
en 1967, esta fuente se caracteriza por su magnífica legibilidad
y sus formas muy clásicas, pues Tschichold se inspiró
para sus diseños en la tipografía creada
por Claude Garamond en el siglo XVI.

Este libro fue impreso y encuadernado para Los libros del lince
por Novoprint en enero de 2017 en Barcelona.

Impreso en España / Printed in Spain

• ALIOS • VIDI •
• VENTOS • ALIASQVE •
• PROCELLAS •